後疫情風險社會
之人力資源再發展

梁文慧 王政彥 編

巨流圖書公司印行

後疫情風險社會之
人力資源再發展

國家圖書館出版品預行編目（CIP）資料

後疫情風險社會之人力資源再發展 / 梁文慧,王政彥編
著. -- 初版. -- 高雄市：巨流圖書股份有限公司, 2022.07
　面；　公分
ISBN 978-957-732-665-2(平裝)

1.CST: 人力資源管理 2.CST: 風險管理

494.3　　　　　　　　　　　　　　111009019

編　　　著	梁文慧、王政彥
發 行 人	楊曉華
總 編 輯	蔡國彬
出　　　版	巨流圖書股份有限公司
	802019高雄市苓雅區五福一路57號2樓之2
	電話：07-2265267
	傳真：07-2233073
	e-mail: chuliu@liwen.com.tw
	網址：http://www.liwen.com.tw
編 輯 部	100003臺北市中正區重慶南路一段57號10樓之12
	電話：02-29229075
	傳真：02-29220464
郵 撥 帳 號	01002323 巨流圖書股份有限公司
	購書專線　07-2265267轉236
法 律 顧 問	林廷隆律師
	電話：02-29658212
出版登記證	局版台業字第1045號

ISBN 978-957-732-665-2（平裝）
初版一刷・2022年07月

定價：350 元

目次
CONTENTS

序
FOREWORD

　　《後疫情風險社會之人力資源再發展》專書是在研究項目「風險社會『新型冠狀病毒』衝擊後人力資源再運用研究——前瞻因應觀點」的成果上整理與延伸。「風險」已然滲透到我們生活的每一個層面，讓大家隨時都身處風險社會之中。新型冠狀病毒是典型的風險社會事件。[1] 在風險社會中，我們面對種種挑戰，如能有足夠的風險認知與危機意識，加上妥善的因應策略，則有機會降低風險社會事件所帶來的衝擊。在經歷社會災害事件後，產業、從業人員需要救急方案；中、長期則要填補經濟缺口，如能有前瞻性的解決方法，預先瞭解個體潛在壓力，整合相關資源，協助個體提升自我效能與工作技能，對於個體壓力預防與災後社會復甦將具有顯著助益。

　　本研究以前瞻因應觀點為主軸，透過教育手段，協助個體減緩壓力，強化職工自我效能，並配合相關政策，整合政府、企

1　新型冠狀病毒所造成的疾病稱為 COVID-19〔Coronavirus Disease-2019〕，病毒學名為 SARS-CoV-2〔Severe Acute Respiratory Syndrome Coronavirus 2〕，以下稱新冠肺炎，以及新型冠狀病毒。

業、職工及學校等相關資源，降低災害所帶來之傷害，並讓產業解構後之人力再運用，為此次疫情之後可預期之社會衝擊做出貢獻。本書除了澳門特區的調查研究外，也感謝高雄師範大學成人教育研究所五位準博士的共襄盛舉：第二篇延伸到不同地區成人職業繼續教育的分析比較，由高雄榮民總醫院藥學部李季黛總藥師、高雄醫學大學附設中和紀念醫院護理部吳秀悅督導協助撰寫。第三篇聚焦在公務機關的人力，分析不同地區的作法及啟示，由高雄師範大學教務處楊秀燕組員執筆協助。第四篇則重視高齡人力的運用，比較不同地區的作法，由輔英科技大學高齡及長期照護事業系游秋燕助理教授，及公共電視南部新聞中心孟昭權攝影記者協助完稿。讓本書融入主要國家地區的經驗及啟示，發揮跨國比較的研究及應用效益。

「吾生也有涯，而知也無涯」，作者所做的研究目前還只是冰山之一角，這一宏大的課題還需要澳門教育等各界，以及與台灣地區如高雄師大等的持續合作探究。「路漫漫其修遠兮，覓仁

人志士共探索」。本書的出版，特別感謝澳門特別行政區政府高等教育基金的資助，也感謝高雄市巨流圖書慨允出版。研究參與者樓家祺博士、澳科大與高雄師大的研究助理、各篇協助撰稿者及受訪的專家學者等貢獻，也厥功甚偉。

受限於出版急促，書中錯誤及不足之處在所難免，懇請讀者批評雅正。您們的建議就是我們不斷創作的動力。

梁文慧，王政彥 謹識

2022年7月

第 **1** 篇

疫情衝擊下人力
運用及發展的實
證分析

第 1 章 前言

◆ 第一節 研究背景與動機

　　隨著「新型冠狀病毒」不斷延燒，對全球產業造成巨烈衝擊，且此新冠肺炎特性與 2003 年的 SARS 不同，目前各國專家都已在積極研究，若是疫情無法在短期內獲得控制，對經濟發展的衝擊甚至可能超越 SARS。澳門地區本就以商業、服務業為經濟主體，在受到「新型冠狀病毒」影響的階段，可能肇生之社會現象，包含了服務需求減少、生產、投資與出口中斷、失業人口增加、財政與金融環境惡化等等。

　　事實上，風險社會無處不在，何謂風險？何謂風險社會？他們在社會學上如何被建構起來？具體而言，他們如何與當代的社會形態、體制及科會行動條件關連起來？作為一般的理解，風險被認為是一個未來的、不確定的、充滿危險的可能（引自周桂田，1998）。它基本上是時間及空間取向的。相對的，「風險」這個概念作為社會學上之問題意識以及其作為理念型的思考，同時是被連結到當代工業社會的危機面向當代社會的發展，由於科技的進步逐漸進入後工業社會時期（Bell，1975），但也由於科技發展的高度複雜性和不可控制性，造成層出不窮的重大災害：如美國三里島及前蘇聯車諾比爾核災事變，帶給人們新的恐懼與反省。也鑑於1991 年於里約召開的全球生態會議，即提出了永續發展的精神。在社會學上，對科技、科學的發展與對科學理性的質疑，即逐漸成為人們對現代化過程所反省的關鍵議題，我們可以說，風險議題已成為現代性思考的核心之一。所謂風險社會即是現代社會（Beck, 1986; Luhmann, 1995）。社會學家們探討科技進步和其帶來的風險如何改變社會功能系統的分化、制度的設計、人類日常生活的行動條件、心理結構和行為取向，更根本的是，人類如何在現代社會面對自我與社會認同。

　　「風險社會」的概念始源於 1986 年德國社會學家 Ulrich Beck 所提出，思索如何避免現代化所引發的各種風險及危害。與風險社會概念同步的正是全球化力量的興起，除了上述的各種全球化現象外，也造就了「風險全球化」。在全球化大背景下，人類社會面臨著比以往任何時候都更多的風險，如大規模失業的風險、貧富差距加劇的風險、環境生態的風險，以及新冠肺炎疫情的風險等。風險是與人類共存的，只是在近代隨著人類成為風險的主要生產者，風險的結構和特徵才發生根本變化，因而產生了現代意義的「風險」，並出現了現代意義上的「風險社會」雛形。而近代以來人類對社會生活與自然環境的干擾範圍及強度大幅增加，決策和行為成為風險的主要來源，人為風險超過自然風險成為風險結構的主要內容。藉由現代治理機制及各種治理手段，人類因應風險的能力提高，但同時又面臨著治理帶來的新類型風險，例如制度化風險（包括市場風險）及技術性風險。二者成為現代風險結構中的主要類型，具有潛在的全球影響，在條件允許的情況下會產生全球威脅，以致於出現可能性小但後果嚴重的風險，例如核電廠輻射外洩及新冠疫情，這類風險誘發了全球風險意識的形成，人類在因應風險上有了新體認（李永展，2020）。

　　Ulrich Beck 認為有三個層面的全球風險：21 世紀前瞻焦點生態危機、經濟危機及跨國恐怖主義網路的危險。這些全球風險有兩個特徵：一是世界上每一個人原則上都可能受到它們的影響或衝擊；二是要因應及解決它們需要在全球範圍內有共同體認及集體行動，就此而言，新冠疫情危機也有類似的特徵（引自李永展，2020）。針對新冠肺炎的衝擊及所造成之影響，本篇可歸納出以下幾點研究動機：

一、風險社會已是必然趨勢

　　現今，「風險」已經滲透入我們生活的每一個層面，狂牛症、瘦肉精、基改食品、農藥殘留的風險問題，電磁波基地台、霾害、PM2.5 細小微浮微粒的空氣汙染，亦或者是 SARS、金融海嘯乃至於現在正逐漸漫延的「新型冠狀病毒」，讓我們隨時都身處理風險社會之中。

　　近年來，已有越來越多人開始注意到 Ulrich Beck 所提出的「風險社會」概念

（江振昌，2006）。從 Beck 和英國著名社會學家 Anthony Giddens 等人的論著中，可以發現，「風險」不只是現代科技構成的一部分，深植於現代的社會組織系統內，而且現代風險不受任何國界的限制，使得全人類都成為命運的共同體。何謂「風險」？它是一個極其深刻又具有廣泛意議的概念。杜本峰（2004）認為現代社會就是風險社會，當今，應有越來越多人認為，現身邊所處的環境越來越難以把握。現代社會所帶來的防疫、藥品、環境、技能等問題，使得公眾生活面對高度的不確定性，這些風險何時發生？何處發生？何種方式發生？發生的機率有多少？涵蓋的範圍有多廣？均無法預測。之前的 SARS 事件如此，而如今「新型冠狀病毒」亦是如此。馮志宏（2008）認為現代風險社會具有下列幾項特徵：

1. 模糊性：其包含了（1）風險製造主體的模糊性：在現代風險社會下，由於風險的結果及其破壞程度無法算，導致風險責任主體模糊和缺位，沒有人願意去承擔其結果；（2）風險運行的模糊性：由於風險製造主體的模糊性，加上全球化的推波助瀾，人們往往無法感知此種風險從何而來，從何處去；（3）風險結果的模糊性：或許人們可以在短時間控制風險，但新的更大的風險可能就在抵制的過程中產生，這一切，均是人們無法預料的。

2. 全球性：現代風險反映的不是只有某個地區，它是人類走向全球化過程中所遭遇的共同問題，因此，「現代風險」兼具了全球化與在地化的共同特質。

3. 廣泛的關聯性：一種風險的出現往往可能是由其他人們未知的風險所引起，這種風險又往往會無形中影響到社會生活的各個領域，導致整個社會處於一種風險狀態，進而對全人類造成巨大的影響。

4. 平等性：在現代風險社會下，風險不再有一定的社會界限和社會範圍，承擔風險的人，將是不分階級、不分等級、不分民族、不分國家，而且，全球化的程度越高，此種風險平均化的分布就越明顯。

5. 不可控制性：自 20 世紀中期以來，工業社會的社會機制已經面臨著歷史上前所未有的一種可能性，即一項決策可能會毀滅我們人類所有的生命，單從這一點就足以說明，今後的風險社會已經成為一個無法保障的社會，在某種意義上已經超

過了人社會所能控制的程度了。

　　即使如此，德國著名學者 Beck 強調。「風險」本身並不是「危險」或「災難」，而是一種「危險」或「災難」的可能性，當人類試圖去控制自然和傳統，且試圖控制由此產生的種種難以預料的後果時，人類就面臨著更多的風險，如環境和自然風險、經濟風險、社會風險、政治風險，它幾乎影響到人生活的各個方面，且筆者認為這些風險彼此息息相關。在現今我們人類認為因知識經濟的成長與科技所帶來的便利，促使我們生活水準不斷提升而沾沾自喜的同時，我們必須重新思考全面性可持續發展觀的可能性。

二、「新型冠狀病毒」：風險社會的典型案例

（一）事件經過概述（引自 BBC News 中文，2020）

　　1. 2019年12月30日一張武漢市衛健委的內部通知在網絡上流傳，稱武漢出現「不明原因」的肺炎，並與該市的華南海鮮市場有關。當天，包括武漢市中心醫院醫生李文亮在內的 8 人在聊天軟件上發布疫情消息。

　　2. 2019年12月31日武漢市衛健委首次公開通報肺炎疫情，稱該市目前發現了27例「病毒性肺炎」病例，其中7人病情嚴重。但通報指，未發現「明顯人傳人」證據，也未發現醫務人員感染。當日，中國國家衛健委委派專家組抵達武漢指導工作。

　　3. 2020年1月1日華南海鮮市場被關停，有檢疫人員前來檢測物質。同日，武漢市公安局通報稱，8 名網友因發布不實信息被「依法查處」，其中包括李文亮。

　　4. 2020年1月3日武漢市衛健委通報稱，共發現不明原因肺炎病例44例，未發現明顯「人傳人」證據。同日，新加坡宣布在機場對來自武漢的旅客進行體溫檢測。

　　5. 2020年1月8日中國國家衛健委確認，「新型冠狀病毒」為疫情病原。協和醫院有多名醫護人員陸續感染。

　　6. 2020 年 1 月 13 日一名武漢遊客在泰國被確診患有新型冠狀病毒肺炎，成為在中國大陸境外確診的首例病例。

　　7. 2020 年 1 月 20 日武漢新匯報 136 例確診病例，北京和深圳也在當日通報 2

例和 1 例確診病例，這是中國大陸在武漢以外的地區首次報告疫情情況。當日晚上，醫學專家鐘南山在官方媒體首度確定該病毒可以「人傳人」，並有 14 名醫護人員感染。同日，中國國家衛健委發布公告，宣布將新型冠狀病毒肺炎納入乙類傳染病，但按甲類防控。根據中國大陸《傳染病防治法》，中國大陸的甲類傳染病僅包括鼠疫和霍亂。

8. 2020 年 1 月 21 日美國確診第一例新型冠狀病毒肺炎病例，這是在亞洲以外的首例確診案例。台灣發現首宗新型冠狀病毒確診病例。

9. 2020 年 1 月 22 日香港和澳門分別確診當地首宗新型冠狀病毒肺炎個案。

10. 2020 年 1 月 23 日武漢、黃岡、鄂州等多個湖北城市陸續宣布「封城」，限制公共交通出入。湖北省的感染病例上升至 444 例，武漢新增 8 人死亡。同日，浙江、廣東、湖南等多個省市陸續啟動一級應急響應。北京等地宣布關閉廟會和著名旅遊景點。

11. 2020 年 1 月 28 日香港特首林鄭月娥宣布大幅削減來往中國大陸交通服務，包括關閉高鐵西九龍站，暫停所有來往香港和中國大陸的高鐵、渡輪服務。

12. 2020 年 1 月 30 日世界衛生組織（WHO）宣布新型冠狀病毒疫情構成「國際突發公共衛生事件」。同日，西藏確診首例病例，代表著疫情已蔓延至中國大陸所有省分。

13. 2020 年 2 月 7 日李文亮在感染新型冠狀病毒肺炎後去世，終年 34 歲。他的去世在社交媒體上引發廣泛悼念。

14. 2020 年 2 月 8 日已有三萬六千人感染新型冠狀病毒肺炎，超過八百人死亡，死亡人數超過「非典」在全球的紀錄。

15. 2020 年 2 月 14 日已有六萬人以上感染新型冠狀病毒肺炎，超過一千三百人死亡，至今疫情仍未獲得全面控制。

16. 2021 年，世界各國開始施打新冠肺炎疫苗。

17. 2021 年 4 月全球至少 300 萬 955 人死於 2019 冠狀病毒疾病（COVID-19，新冠肺炎），至少 1 億 3,986 萬 9,290 例確診，染疫國家遍布全球，如圖 1-1；前 10 名確診國家如圖 1-2。

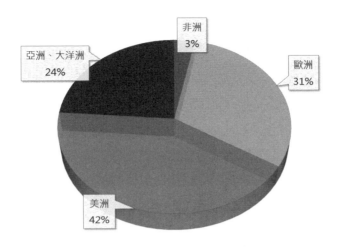

圖 1-1　新冠肺炎確診分布圖

資料來源：參考自新華網：新冠肺炎疫情全球動態。

網址：http://fms.news.cn/swf/2020_sjxw/3_12_worldYQ/index.html?v=0.6992073738996648。

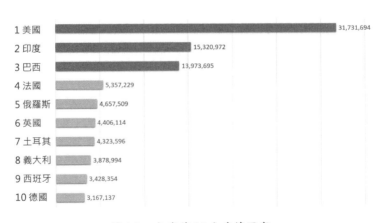

圖 1-2　全球前 10 大疫情國家

資料來源：參考自新華網：新冠肺炎疫情全球動態。

網址：http://fms.news.cn/swf/2020_sjxw/3_12_worldYQ/index.html?v=0.6992073738996648。

（二）新型冠狀病毒（SARS-CoV-2）風險特徵

　　新型冠狀病毒充分體現了風險社會的特徵，且它絕非僅僅是一個「自然災害」事件，其所具備的模糊性、全球性、廣泛關聯性、平等性與不可控制性均展現了風險社會的意涵，綜納如表 1-1。

表 1-1　新型冠狀病毒風險特徵摘要表

危機事件	新型冠狀病毒（SARS-CoV-2）
模糊性	根據中國大陸疾病預防控制中心表示，本次發現的新型冠狀病毒與 SARS 和 MERS 冠狀病毒雖同屬於冠狀病毒，但基因進化分析顯示它們分屬於不同的亞群分支，並不屬於 SARS 和類 SARS 病毒類群，至今尚未確定其病毒分類。
全球性	目前全球均有確診病歷，超過 300 萬人死亡，雖疫苗研發後，疫情有減緩趨勢，但死亡及染疫人數仍不斷增加中。
廣泛關聯性	觀光、旅宿產業遭到巨大衝擊，航空公司停飛中國大陸、香港等地區，學校延後開學、工廠延後復工，社會現象包括職工被迫放無薪假或強迫離職；中、小、微型企業倒閉，造成大量失業潮；民生物資造成搶購，如口罩、酒精、衛生紙等等，預估損失金額達 1,000 億元（澳門元）以上。影響層面已擴及各個產業與社會層面。
平等性	不論種族、國家（地區）隨著全球化的影響，均有可能受到新型冠狀病毒之影響，且人數不斷上升中。
不可控制性	目前已研發出多款有效疫苗，但目前已發現有多種變株病毒仍存在於自然界，除人類之外還有其他的宿主，即使有疫苗，我們也可能永遠無法將其消除。

資料來源：本研究整理。

　　從上述特徵的整理可發現，新型冠狀病毒可謂是典型的風險社會事件。在風險社會中，風險經常是「人為風險」，面對此種挑戰，如能有足夠的風險認知與危機意識，加上妥善的因應策略，則有機會降低風險社會事件所帶來的衝擊。

三、從前瞻因應的觀點，降低風險社會新型冠狀病毒所帶來的衝擊

　　前瞻因應過去多用於成人教育場域，尤其是即將退休之高齡者，其目的是希望面對未來離開職場，能夠有效因應社會角色的喪失及老化後的各項挑戰。但運用前瞻因應策略的前提是會有一個「事件」，此事件為「可預期」或「無法預期」，因此，前瞻因應與我們較為熟知的反應方式有所不同。其中，反應因應（reactive coping）是處理已經發生的壓力的事件，重點在於補償失落或傷害；預期因應

（anticipatory coping），則是處理即將發生的威脅所做的努力，因此，在面臨不久的將來會發生的關鍵事件，需要投入個人的資源以預防，並且與此壓力源進行抵抗；預防因應（preventive coping），則是透過建立一般抗耐性的（resistance）資源以減低壓力所產生困境，幫助個體在任何情況可以在第一時間減低壓力事件的影響（Schwarzer, 2000）但最終的目的就是希望個體能夠達到自己所期望之目標。其中，「反應因應」將會是在此事件中教育工作者未來工作重點。

前瞻因應與傳統的因應有所不同。前瞻因應除了包括對負面威脅事件的處理外，亦強調應有防患未然的功能。具體而言，前瞻因應包括建立資源，以利於達成目標以及促進個人的成長。這些資源包括：因應策略、人格屬性（如：樂觀、自我效能）以及社會支持等（Davis & Brekke, 2014）。當個人的資源越多，越有利於壓力的因應（Schwarzer, 2000）。此外，前瞻因應是個體於潛在壓力事件發生前，為減緩或改變威脅事件之形式所付出的努力（Aspinwall & Taylor, 1997），亦即前瞻因應是個人在事件發生之前，採取行動以盡量減低壓力（Schwarzer, 1999）。當個體得以藉由預測或偵測潛在的壓力源，以及預先行動以防止其發生，這些行動可視為前瞻行為。由此可知，前瞻因應不僅是一種觀點，也是一種能力，藉由未來導向的觀點，設定實際的目標並且進行規劃（Ouwehand, de Ridder, & Bensing, 2009）。已有研究指出，前瞻因應對於促進健康與安適的預測有正面的結果，而且前瞻因應也透過確定與正面的取向得以處理壓力源（Greenglass & Fiksenbaum, 2009）。

綜合而言，前瞻因應與其他因應或預測因應有所不同，主要表現在以下三方面：（1）前瞻因應特別強調預防與準備的概念，前瞻因應發生於因應以及預測因應之先，其包括累積資源並獲得技能以準備、確認壓力源真正發生時的狀況；（2）前瞻因應需要不同的技能以因應壓力源，因為前瞻因應的活動並不直接針對某些特定的壓力源，因此，具備相關的能力以確認潛在壓力源而能有所行動，就顯得必要；（3）與其他的因應方式比起來，前瞻因應因為需要具備相關的技能與行動，在此前提下會使前瞻因應更容易成功。由此可知，與前瞻行為相關的技能包括：規劃、目標設定、組織以及心智模擬（Aspinwall & Taylor, 1997）。

前瞻因應是一種行為，會因個人目標、生活環境的不同而產生差異，但透過前瞻因應可幫助個人在潛在的壓力或事件發生前可進一步的預防和減輕潛在威脅的衝擊，同時可協助個人做目標設定和實現，即個人品質管理，使其對於未來能提早做規劃並採取實際行動，且具有對未來生活挑戰做好準備的能力，進而提升生活品質和促進健康，以及降低社會災害對個體造成之衝擊。

現今各國對於新型冠狀病毒疫情，重點置於疫苗研發、防疫控管等作為，然本研究認為，在經歷社會災害事件後，產業、從業人員需要救急方案，中、長期則要補經濟缺口，如能從前瞻因應觀點，瞭解個體潛在壓力，整合相關資源，協助個體提升自我效能與工作技能，對於個體壓力預防與災後社會復甦將具有顯著助益。

四、繼續教育可作為人力資源再運用較佳之策略之一

繼續教育是繼精英教育、學歷教育和專業教育之後的又一種新型教育，它在培養地區人才、提高人才品質中發揮著越來越重要的作用（梁文慧，2011）。現時澳門終身教育相關課程的開辦往往受制於市場機能，以求職、轉業、在職進修為指導，沒有因應成人終身教育的需求辦學。因此，需改變傳統持續教育的思想，以學習者的需求為中心，擺脫以求職晉升等短視目標為導向的課程設置模式，將成為學習型社會下成年人教育機構的變革重心（梁文慧，2010）。以美國為例，美國的教育方式靈活多樣。不論在課程設置還是教學內容上都是從社會實際和學員需要出發來考慮和安排，使受教育者提高其職業技能；而且，「學員消費者第一」和「學員市場至上」等理念被越來越多的繼續教育機構當成求生存發展的口號和策略。此外，美國的成人可根據自己的學習需要和現實情況，參加隨時隨地任何形式的繼續教育活動，學習的時間、地點、內容、方式均由個人決定。這些都體現了美國以學習者為中心的教育特色。而在澳門經濟的強勢發展及國際化進程中，均對澳門的人才需求提出了更高的要求。尤其在新型冠狀病毒災情衝擊後，地區經濟社會的發展離不開自然資源、勞動力和物質資本。人力資源推動是經濟、社會發展的最重要元素（柳志毅，2010）。因此，澳門的持續教育需得到高度重視以增強澳門人力資源的競爭力，為受衝擊產業協助發展提供匹配的高素質人才，才能為澳門社會復甦提

供堅實而有力保障。

根據澳門特別行政區政府統計暨普查局（2020a）的調查，澳門地區總體失業率為 1.7%，本地居民失業率為 2.3%，就業不足率為 0.5%，三項指標均與上一期持平。總體勞動力參與率為 70.2%, 本地居民勞動力參與率為 63.5%，均較上一期上升 0.3 個百分點，就業人數為 38.98 萬人，就業居民為 28.16 萬人，分別增加 2,200 人及 1,300 人。主要行業仍以博彩及博彩中介業人數為最高，其次依序為為批發及零售業、酒店業、建築業及飲食業，主要行業就業人數摘要如表 1-2，本地居民勞動主要指標如表 1-3。然因新型冠狀病毒影響，澳門政府特勒令博弈產業停業 14 天，創下前所未有之停業紀錄、有 29 間酒店面臨倒閉、交通運輸及觀光旅遊業面臨產業寒冬，旅遊觀光人口銳減，影響層面均衝擊各個產業，即使澳門政府提出金援、減稅等等措施，但可預知的是產業結構將產生變化，失業人口會急遽升高，社會將面臨一場即將到來的動盪，未來的不確定性亦無法預知，只有做好未來因應策略，才能儘速回復到正常的生活。

孫家雄、孔令彪（2012）指出澳門政府早在 2006 年即針對結構性失業推出就業輔助計畫，當時社會背景為澳門產業結構改變，部分勞動者未能配合就業市場需求而長期失業，輔導對象為中、壯年人口，提出「中壯年人士就對補助培訓計畫」，目的就是提供適切的培訓課程，來提升失業人口勞動力職業綜合素質的能力，且此計畫讓中壯年人口向上流動具有十分正面的作用，就其調查，學員大多認為課程能提升其就業能力，因此，不少學員參與此項補助計畫的課程，此現象顯示終身學習的理念已逐步在社會中形成。且在此研究中建議澳門政府，推動終身學習應被列入未來應發展之方向之一。

表 1-2　主要行業就業人數摘要表

	本期	上期	變動（%）
博彩及博彩中介業（千人）	85.1	85.8	-0.8
批發及零售業	43.6	42.4	3.0
酒店業	32.7	31.9	2.5
建築業	31.3	30.8	1.4
飲食業	23.1	23.5	-1.6

資料來源：澳門特別行政區政府統計暨普查局（2020a）。

表 1-3　澳門居民勞動主要指標

	本期	上期	變動（%）
失業率	2.3	2.3	-
勞動參與率	63.5	63.2	0.3%
勞動居民（千人）	288.3	286.8	0.5%
就業居民（千人）	281.6	280.3	0.5%

資料來源：澳門特別行政區政府統計暨普查局（2020a）。

　　然未來隨著疫情逐步獲得控制，而災情對社會所造成之衝擊，將迫使諸多居民需要轉換不同的工作崗位及提高本身的知識來適應新的社會需要，故學習一些新生產技術技能及運用新資源用以適應新工作是必須的。在此趨勢之下，使得一些產業必須要在很短的時間內訓練出不同的職工去做不同的工作（孫家雄，1999），其直接的結果是產生了一種新的訓練程或制度，進而提供適合的勞動力，滿足現行社會的需求。然人力資源的培訓，不僅僅是單一機構可完成，需整合多方資源，以收其效。關於人力培訓，孫家雄（1999）認為，需整合下列資源。

　　從政府的觀點來看，職業培訓制度必須：

　　1. 為政府隨時隨地提供足夠的受訓人才，以配合政府的經濟計畫目標；

　　2. 向政府決策者提供有關人力資源需求的資料，從而讓他們制訂整體的訓練策略；

　　3. 給予政府設立測試及證明制度的結構和大綱；

　　4. 減少訓練的時間，提高效率。

從雇主的觀點來看，職業培訓制度必須：

1. 提供可適應一般企業的生產目的及要求的受訓人才；
2. 對工業及企業內部人力的需求提供有效的資料；
3. 有效地提供培訓計畫的大綱及結構；
4. 減少訓練時間，提高效率。

從雇員的觀點來看，職業培訓制度必須：

1. 對其技術給予正式承認；
2. 容許自由選擇職業；
3. 給予個人的能力及意願得到發揮機會；
4. 能夠刺激個人自我改善的能力（即增加收入，提高職位、工作上的滿足感及職業的潛在能力等）；減少訓練時間並達到最佳效果。

針對此疫情，學校單位亦不能置身事外，從繼續教育的角度，學校的作為，本研究認為有下列幾點：

1. 協助政府盤點產業、職工缺口；
2. 透過調研，瞭解社會發展需求；
3. 針對產業需求，整合相關資源，開設適切培訓課程，建立專業認證機制，協助企業轉型及強化職工新技能；
4. 建構人力資源媒合資料庫，創建行業人才指標，建立職工與企業媒合平台。

「十年樹木、百年樹人」，在現今受到「新型冠狀病毒」的影響，百業蕭條，政府、產業和民間均承受著巨大的壓力，從教育立場，我們可將此事件視為風險社會下的「人為災害事件」，博雅學院期能以繼續教育的內涵為主軸，以前瞻因應觀點，透過教育手段，協助個體減緩壓力，強化職工自我效能，並配合相關政策，整合政府、企業、職工及學校等相關資源，降低災害所帶來之傷害，並讓產業解構後之人力再運用，為此次疫情之後可預期之社會衝擊做出貢獻。

◆ 第二節　**研究流程**

本研究為釐清研究問題及嚴謹進行研究程序，茲擬定研究流程，如圖 1-3。

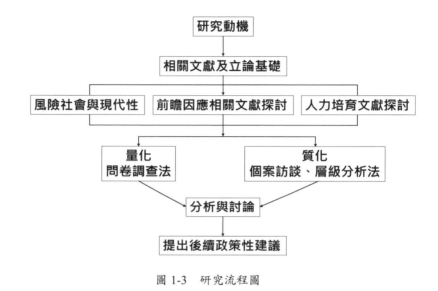

圖 1-3　研究流程圖

◆ 第三節　**研究問題**

根據上述研究流程，本研究擬定研究問題如下：

一、針對此次新冠疫情，瞭解澳門居民「前瞻因應」態度。

二、依分析結果，進行個案訪談，以瞭解產、官、學等角度對疫情的認知，培訓的角度及培訓政策進行瞭解。

三、依質性分析結果，編製 AHP 問卷，經由專家、學者之回饋，以瞭解疫情認知，培訓角度及培訓政策之權重，據以提出策略性之建議。

第 2 章　文獻探討

◆ 第一節 ▶ 風險社會與現代性

在風險與現代性部分，本研究依序說明風險社會之概念，討論現代性問題，並總結觀點進一步分析疫情的概況。

壹、風險社會

風險社會（Risk Society）是當前社會趨勢變化下重要研究主題。風險社會是由 Ulrich Beck 於 1986 年提出而迅速為人所知，而 Giddens 也曾和 Beck 合著《反思的現代化》（*Reflexiive Modernization*），以「風險」概念作為其分析的共同重要基礎（Beck, Giddens, & Lash, 1994）。可見「風險」這個概念是非常重要的社會現象。近年各類有關經濟、環保、文化和政治的事件當中，我們的確也看到這個世界正在各種層面上產生一些過去所從未出現過的問題，如金融風暴，以及近期肺炎疫情的散布，都是相當典型的例子。

對 Beck 來說，當代的現代性已經由「工業社會」演化成「風險社會」。換言之，當今的風險社會之形成，可謂來自早期現代性中的工業社會演化結果，而這樣的發展也和資本主義的發展是具有密切關係的（劉維公，2001）。在 Beck 觀點中，工業社會一切是以各種分工獨立的專家所提出來的客觀理性論述為依據，而這些客觀理性，就是以「科學」的角度來進行論述。在這種科學的理性發展中，所仰賴的是數學或實驗的方法。但當進階到風險社會的概念中，已難以運用傳統的方法測量與計算。簡言之，風險社會概念已明白的揭露了現代的「風險」決非單純的技術性問題，涉及複雜的社會溝通與決策過程，社會的組織方式、發展階段與知識水準都對風險的型態和層次有決定性的作用。另一方面，風險也會改變社會的意識和

行為，風險相對清楚記載了社會結構與社會組織的變革。同時，風險作為一種「社會建構」（Social construction）的產物，每個社會都有他自己的風險要件，基本上伴隨著科技文明而來的生活風險，與傳統社會的自然風險，例如水災、旱災、颱風、地震等，在性質上有著極大的差異，包括（Beck, 1992）：

一、決策性

現代風險基本上是由「技術經濟」的決策所造成，屬於工業化發展的「副產品」，也是人類在衡量利弊得失後對生活方式的選擇。然而，人們越了解到對科技潛在的負面效應其實還有許多未知的部分，便越可能感到不安全和恐懼。知識的專業、不完全特質加上風險的不確定性，已成為現代民眾焦慮的重要來源。

二、難以認知性

新科技的不斷開發，使得一般人對風險的知識落差更形擴大，而在科學不見得能夠預見所有技術應用上的後果時，專家領域越細分，也未必能掌握全觀，無法在風險問題上充分控制後遺症。尤其現代風險事件產生的影響多半有遲延效應（delayed effect），充斥影響因素，增添在歸因和鑑定其損害上的困難，例如各國常見的食安問題至今尚對當事人所受的影響無法估計。

三、後果延展性

上述遲延效應，有時候不只是發生在當事人的健康或是財產損失上，甚至還會延續到下一代。由工業汙染所引致的環境風險，不僅破壞到當前的人類生態，這些公害尚且使得未來生存在地球上的人都得面對不利的環境，這也是近年來環境保育運動快速發展的背景。

四、災難擴大機會

現代風險在某些科技領域，如核能、化學毒物等方面，因為有專業性的管制，也多半有作業系統，但若一旦出現意外，後果會是相當嚴重的災難性質。另外，有部分是難以預測或管制性有限領域，例如衛生或經濟，則很有可能發生染疫擴大或

金融危機，衍生難以預測的災害。

五、全球性

現代科技的威力十分驚人，風險的影響範圍往往超過事件製造者的所在地，而最具代表性的。以金融危機為例，2008 年出現的信貸風暴，投資人開始對抵押證券的價值失去信心，引發流動性危機，即使多國中央銀行多次向金融市場注入巨額資金，也無法阻止這場金融危機的爆發並開始失控，並導致多間相當大型的金融機構倒閉或被政府接管，引發經濟衰退；而近期的疫情危機，也因為各國人口與貨物流動因素，產生全球性的蔓延，都證明風險已不再是單一社會的問題。

六、日常與公共性

當代風險源自於科技的應用，偏偏現代生活的任何一方面都是高度的依賴科技產品，其中隱含的風險因子也就無所不在。網際網絡、交通科技增進了人與人之間的連結，也壓縮了時空的距離，然而當緊密互動的同時，也連結了風險與日常生活的可變性，使影響成倍數增長，一旦風險真正發生在我們身邊，一般人卻常常束手無策，需要專家來處理這些事故。科技改善了民眾的生活，但也因為知識差距的擴大，越來越令現代人感到生活較以往還要更不安全。

現代風險的產生，已非個人或家庭所能夠承擔，無論在風險的預防和善後上，政府公權力介入已是普遍的趨勢。現代社會中的公共政策，有很大一部分必須因應不同風險的不同性質而加以設計。風險的評估、管理、溝通和危機處理等任務，也不斷考驗各國政府的能力。現代風險的種種特質，使得傳統的應變手段逐漸失效，關於風險的認知和辨識又相當依賴專業性指導，形成新的「分配不均」問題。總之，一個安全而無風險的社會，在今天似乎變成不切實際的奢望，如何與風險「共存」，倒更是當務之急。新型冠狀病毒之所以造成嚴重的影響，因為它跨越邊境並憑藉著強大的傳播能力，快速地傳播到各個角落，同時它也跨越很多專業領域，讓大家措手不及，讓世界不知道下一步什麼是安全的。要突破困境的方式需要世界各國的合作、政府內部的治理及民眾的支持與信任。新型冠狀病毒至今不僅在國際上

造成秩序的重新洗牌，對各國內部體制及規劃，也因為疫情本身及複合性災害的發生，讓過去治理規劃者所做過的韌性規劃設計，有機會被重新審視。隨著疫情變化，在封城、安全社交距離的規範措施下，擾亂了社會內部原有的流動性，也重新定義了個體間的活動距離、生活習性等，也凸顯了公共風險對民眾影響性，從長遠規劃的角度來看，我們必須重新省思風險對社會的影響，以及因應後疫情時代的人才培育策略，並化危機為轉機，進而轉型或深及產業。

貳、現代性問題

　　風險都是針對未來不確定的損害，不論事前的準備如何詳盡，它都可能會發生，當然也可能沒有出現任何實害，只有經歷抽象的危險。現代所稱風險管理即採取有效的預防策略，或是減少風險的衝擊，投入的成本遠小於實際發生損害所要支付的大資源。事前投入的成本與減少的損失，其中間差距就是風險管理的效益。然而，現代型風險不同以往農業或工業社會存在更多的複雜因素，都可能增加風險評估的困難度與不確定性，現代風險已非傳統實驗室裡的科學模型所能完全解釋與掌握，故使得傳統的應變手段逐漸失效。傳統風險管理多集中在科學證據的評估與判斷，然後根據統計資料與數據來判斷風險的可能性及嚴重程度，交由專家或決策者進行風險管理。因許多風險決策乃建立在定量風險評估基礎上，希望對所有方面都進行量化，為不同政策設定可接受風險的數量規範和標準，此方法因為運用了實驗證據，通常被認為是科學，但對於難以估量的風險或不確定性，科學仍有極限，限制準確預測的機率。

　　現代的社會是一種集體性的社會，或說是一種「大型組織社會」（Beck & Willms, 2004）。Beck（1994）指出，工業社會的集體方式，因為階級預設著核心家庭、核心家庭預設著性別角色、性別角色預設著男女分工，男女分工預設著婚姻。也就是說，每個人有一定的階級，而這階級地位則是以核心家庭為單位，而既然有一核心家庭，那麼就表示著是由一對夫妻所組成的，而這一對夫妻又說明了性別角色分工的不同——丈夫從事職業勞動，而妻子則是負責家務和孩子的照管，一

切都有其固定的秩序和位置。社會的組成方式，家庭是最小的單位，亦即家庭是集體性社會之最小的組成單位，個人必須透過家庭來與社會連結，因此家庭對個人而言，是一個很重要的團體，也有著深遠的影響，家庭的規範影響著個人的決定。

當代社會不僅是集體社會，更是一個勞動社會，也是一個致力於充分就業的社會（Beck & Willms, 2004）。因為工業社會的活力在於推動了財富的生產，隨後又使得社會解放進程、財富再分配過程成為可能，因而使社會富裕。最基本來說，在推動充分就業的過程裡，人民因參與勞動有所生產而獲得自我意識與生存條件的滿足，因為唯有當一個人有所居處，有工作和收入的來源，才有成為公民的可能。因此，參與勞動市場是福利國家和社會保障的基礎，也是當代社會建構的重要前提。由此可知，充分就業，不僅對個人來說是自我實踐的機會，同時也標誌著家庭的完整性，以及作為社會穩定的基礎。

隨著現代化進程的演進、資訊科技、數位和網路的高度發展，已在某種程度轉換了勞動社會的概念。Beck 把充分就業定義為：「每個人學會一種可以終身當作職業的平常工作，靠它獲得維持生存的物質條件，一生中或許只有一兩次職業變動。」（Beck & Willms, 2004）然而資訊科技的發展，卻改變了上述的勞動形式，使其變得更具有靈活性。諸如：工作的場所不再限定於一個區域而可以在任何地方工作，只要有網路可以相連接即可；工作的時間也不固定，不需要固定時間上下班，只要在期限內完成即可；工作的合同也因職場的轉型而變得不穩定。如：產品的生產形式已不需多位生產者，一個程式的撰寫只需一位程式設計師，而程式完成後，便可以完成許多事情，所以在職場上所需要的勞動者和從前相比大大地減少。今天還有工作的人，可能明天就會失業，工作變得不穩定而沒有長期的財政保障（Beck & Willms, 2004）。所以，一方面人們因環境改變而有多樣化的經濟形式，一方面則是職場上的需求改變，造成大量的失業增加潛在的社會風險與問題。

全球化帶來的社會危機，包含職場生活不穩定、經濟生活的風險，還有因為集體性社會解體、工作崗位變動所產生的認同危機，以及在日常生活當中食、衣、住等生態環境的風險。所以，我們應該要從廣義的意涵來看風險社會，把它當作是社

會發展的一個階段（Beck, 1994）。如同學者風險社會現代性問題，並不是單指生態危機，而是包含多層的意向：生態問題、政治問題、社會學範式問題以及現代社會之品質危機問題（劉小楓，1994）。風險社會是現代化過程中對其所產生的威脅效應忽略的結果，並不是人們用政治的討論就能選擇或拒絕的，而是興起於透過自動的現代化過程對於其後果和危險的盲目無知而來的，甚至這些造成的危險已經傷害了社會政治基底。

現代風險所造成極大影響，並非個人或家庭所能承擔，政府的介入也是必須的（顧忠華，2001）。但是，如上所討論，一旦風險發生，成為大眾矚目的焦點後，風險所帶來的影響層面就廣及各部。民眾對政府因應風險的能力，也將有所疑慮。科技的隨時更新，時刻考驗著政府的能力。現代科技的發展實際上也影響了政治經濟衝突的形式及其從事者，傳統的政治制度需要同時變革（Jansen & van der Veen, 1996），否則可能喪失回應的能力，也喪失規劃和控制這些發展所帶來的新的社會生活及其伴隨的風險，致使社會失去對政治制度所該有的信心。社會崩解風險後所產生的各層面後果，就是現代風險擴展、衍生出其他風險的特質。

一、威脅面

自「現代」現代化的風險社會，所面對的威脅，反而是這些「現代」的產物，亦即這些本來要預防天然災害的科學理性措施、科技政策等。現代化的科技，原本要解決人類生活的問題，沒想到卻成了當代風險的來源，社會衝突的主要特色就是不穩定所致，相對於工業社會階級衝突，風險社會的衝突因素則是不穩定。對風險的無法控制、無法確切知道科技應用所可能產生的狀況，以及對於其所可能帶來的影響無法掌握，使人們生活在一個極度不安的情境裡。現代化促成全球化的來臨，隨著現代而來的風險也跟著全球化，造成全球性的生活不安。

二、社會面

追求均等就是工業社會所想要達到的理想。但是福利制度的產生，卻演變為新的問題。完善的社會福利制度產生「個人主義化」的生活方式（孫治本，2001），

福利制度規劃著自個人出生開始，到家庭、工作、疾病、退休、老人等一切所需，使個人跳脫社會團體（如家庭、社群）的中間連結，而對社會形成一種「新的直接連結」。以往賴以尋求認同、集體性的財貨與社會基礎，失去其重要性而日漸衰微，因此原本是集體的認同、利益和經驗，在反身現代化的風險社會裡，就變成了個別化的認同、利益和經驗。人們企圖追求免於風險的理想，但現有的政府對於現代風險可能造成的威脅卻無能為力，導致社會不穩定，進而引發動盪與不安，威脅社會安定的基礎。

三、經濟面

　　風險是人們想盡辦法要躲避的，因此在風險社會裡，對風險的焦慮、規避風險是生活的動力。現代風險普遍性的特質，使風險的分配單位不是工業社會的「階級」，而是「個人」。災難一旦發生，沒有人可以置身事外，不會因特定的個人、群體、種族、國家而有所區別。換言之，如何減少風險的威脅，是每一個社會組織的責任，也是每個人的責任。如何使世界各國皆認知到風險的威脅而協力對抗，是當今社會重要的課題，只要社會有共識，積極合作，防禦風險的工作就會更加順利，凝聚社會的信心，加強社會的安定，政府的主要責任，也就在於如何協調社會各層面組織共同預防與因應風險。

四、政治面

　　在風險社會裡，因為風險不像財富那樣有形、直接可以計算和被擁有，而是無形、難以認知、不易計算、需要依附於知識，藉由知識上的傳遞、教導，才能被人們所意識到。風險依附於知識的性質，也就代表著人們能透過知識，或者誇大風險所可能帶來的影響，或者掩蓋事實、宣稱無風險來操縱風險（Beck, 1992）。知識在風險社會裡占有極其重要的地位，擁有資訊和能定義風險，即是擁有權力；擁有詮釋風險權力的大眾傳播媒體、社群或社會團體，可能操弄知識而取得權力。日新月異科技變化，專家們並不見得趕得上，對於應用科技所可能帶來的影響，也不一定能掌握，在自媒體活躍的時代，資訊的爆炸與混亂，可能擴大風險的範圍。風險社會即代表著現代風險所造成的威脅，已非工業社會的制度所能處理。風險社會是

一個災難社會，不只是因為在風險社會裡需要與風險共存，時刻皆有災害的可能，而是在政治面上，需要有所改變，以一種全面穩定的政治文化來因應，透過層層的安定機制，從政治到產業全面性的統合，以挽救專家功能不彰，以及化解社會的不安，形塑出全新的政治機制。

參、新冠肺炎疫情的社會

　　新冠肺炎具有「全球性」的散播趨勢，是人類歷史上少數能在短期內橫跨地理範圍極廣的傳染病。這種橫跨地理的傳播開始就與全球化的幾項特性密切關連，包含人員流動頻繁、交通運輸方便、生產線全球化等。新冠肺炎相對於目前也同時存在的其他傳染性疾病非常不同，在於它發生在鑲嵌於全球化過程相當深的亞洲區域，並衍生社會、經濟與勞動等問題。

　　全球化的許多面向比如跨國投資、教育的國際化、異國旅遊消費、跨國尋找工作與生活機會等帶動更多人員的跨國遷移。從出國學習遊歷的年輕人、旅遊的觀光客、洽商的投資人與經理人、找尋工作機會的移工、在移居地與母國頻繁往返的移民，新冠肺炎病毒正是隨著這些再尋常不過的旅人與旅程，經由在各地起降頻繁的交通工具傳播到各地。工業文明創造的社會新面貌，表面上看來是秩序井然、充滿理性的世界，「現代風險」卻像一顆顆隱藏的定時炸彈，隨時可能引爆。人類在工業化突飛猛進的態勢下，卻一頭栽進了「風險社會」（顧忠華，2001）。過去，傳染病相當單純，多半具有一時一地的特性，但在交通發達的現代社會中，疫災的發生可能是境外傳入、社會內的交互感染。今日我們所面臨的疫災問題要比過去任何社會更複雜許多。高科技的現代社會產生了許多非預期的結果，並且產生許多風險因素。舉例來說，許多疾病與疫災原本具有在地性的特質，但是，往往隨著交通的便利與國際的往來而導致擴散或產生變體。原本可能出現於西方世界的新冠肺炎疫情，在交流的過程中流傳到中國大陸，同時也影響鄰近澳門、香港、台灣等地區。因此，在現代社會中，我們所面臨的生活風險不再是立即可視的危險，而是一種不可預期的發展。人們需要更多的「想像」才能認知到自己所處的危險情境，事實

上，企圖去理解現代風險的成因、結果和可採取的預防措施，已經越來越困難，同樣地，如何去判斷風險的可接受程度，也越來越複雜。可以確定的是，「風險」作為下一個世紀的熱門話題，其社會性的意義將更為突顯。

防疫工作最大的問題並不是醫療科技的不足，而是受到許多社會文化因素的共同牽制，進而導致疫情的迅速擴大。因此，疫災的防制與控制必須在多元向度下進行，才有可能徹底地解決問題。現代社會是一個風險社會（Beck, 1993）。我們生活在一個科技昌明、生產力空前蓬勃的社會，但科技的發展卻也帶來許多非預期的發展，產生社會現代風險，這類風險一般人常無法自行判斷在風險不確定、難以認知與後果可能延展的狀況下，出現新的「風險分配邏輯」，並改變過去慣常的權力和責任行使模式。所以，在現代社會中，風險管理能力相當重要，因為我們所面臨的不僅是在地的危險，有時往往也是全球性的風險。事實上，中國大陸已有一套相當完善的衛生防疫體制，但目前防疫重責仍被視為衛政的責任，遇到重大疫災時，可能不是該機構可以獨自的承擔重責。這是因為：一方面，單一機構的資源是有限的，並無法獨自動員所有資源；另一方面，在全球化衝擊下，任何在地疾病可能出現在世界的任何一地、任何一區。因此，對於現代社會而言，跨部門的整合對防疫工作來講是相當重要的，凝聚社會組織的共識更是防疫，以及因應後疫情時代的關鍵。因此，當疫災高度流行時，衛政部門所需的不僅是自身醫療的控制，也需要各企業的相關協助把關與控管。公部門的資源畢竟是有限的，如果能統合企業，相信整合後的整體防疫能力與執行功效將大幅地提升。在個人層次方面，疫情往往出現「排斥」與「排除」舉動，這些舉動可能造成個人二度傷害之外，也會擴散到失業與就業的問題，造成社會恐慌。

從 Beck 對「風險社會」概念的陳述與分析中，發現現代人生活裡十分無奈的一面，未來「風險社會」的文化特質，可能集中於培養處理「恐懼」、「焦慮」、以及「不安全」的能力上，而非只專注於經濟的生產或是成長數字。現代風險為「現代性」的內容添加了幾絲陰影，但風險社會也提供了反省的契機，讓社會懂得如何去實踐「穩定」的要求，以免自己或後代橫遭浩劫。歷經此次新冠肺炎病毒風

暴，我們不難了解到因應風險，更應該要未雨綢繆，在制度面上採取先進的規範設計，才能降低現代風險的威脅，以及探討後疫情時代的因應對策。

　　任何一個危機都是另一個轉變的契機。在重大疫災中，雖然犧牲了許多寶貴的生命與耗費大量的社會成本，但何嘗不是一個轉變的大好契機，促使社會意識到現有不足之處與思索未來的可能發展出路。如果每個人、每個家庭、每個企業在成長過程中，養成日常危機意識與危機處理能力，相信人類大部分的災害都可受到相當程度的減輕。實際上，現行有許多疫情防治演練或危機處理訓練，但真正能建立風險意識仍然有限。因此，對個人價值觀的重建與社會穩定是現代社會刻不容緩的一件事。這不僅是社會的責任，也是每個人的責任。因此，社會也應當對其社會成員建立正確防制觀念與養成危機意識，畢竟許多問題解決的關鍵仍然在於人的日常「實踐」上。進一步來說，當發生風險之後，政府是否能帶領社會走出困境，穩健社會發展，更是長治久安的關鍵。

◆ 第二節　風險社會的前瞻因應

　　李永展（2020）認為近代以來，人類對社會生活與自然環境的干擾範圍及強度大幅增加，人為風險超過自然風險成為風險結構的主要內容。但人類藉由現代治理機制及各種治理手段，因應風險的能力提高了，但同時又面臨著治理帶來的新類型風險，例如制度化風險（包括市場風險）及技術性風險。二者成為現代風險結構中的主要類型，具有潛在的全球影響，在條件允許的情況下會產生全球威脅，以致於出現可能性小但後果嚴重的風險，例如核電廠輻射外洩及新冠疫情，這類風險誘發了全球風險意識的形成，人類在因應風險上有了新體認。Beck 認為有三個層面的全球風險：生態危機、經濟危機及跨國恐怖主義網路的危險。這些全球風險有兩個特徵：一是世界上每一個人原則上都可能受到它們的影響或衝擊；二是要因應及解決它們需要在全球範圍內有共同體認及集體行動，就此而言，新冠疫情危機也有類似的特徵（李永展，2020）。新冠疫情是在內陸暴發，受到經貿全球化的誘因及現代航空運輸的便利，透過人們四處走動的衝動傳播而推波助瀾。因此，如何預防全

球化風險社會所帶來的衝擊及如何快速面對衝擊而立刻做出決策，前瞻因應已是身為現代人所應具有的態度。

壹、前瞻因應的定義

　　新冠肺炎疫情歷經一年多仍未見趨緩，而其對全球的衝擊，不僅是公共健康，而是全面性地影響了經濟、城市規劃、交通、基礎建設投資等政策領域，讓決策者處於高度不確定性中。因此經濟合作暨發展組織（Organisation for Economic Cooperation and Development, OECD）便將「戰略前瞻」（strategic foresight）列為回應新冠肺炎的政策建議之一，藉此程序可鑑別未來挑戰與機會，針對現行政策進行壓力測試，並促成具有前瞻性的政策行動（OECD, 2020）。無獨有偶，重要的企業協會以及學術機構，均在這時刻提出新的前瞻研究，藉此形塑對於新常態的論述（趙家緯、梁曉昀、翁渝婷、鄞義林、胡祐瑄，2020）。然不能否認，新冠肺炎疫情不論影響哪個領域或層面，「人」依舊處理危機最主要的角色。

　　Aspinwall 與 Taylor （1997）提出前瞻因應（proactive coping）的概念，其認為前瞻因應是人們可預先或提前發現潛在的壓力源和預先行動，而這些預先行動可稱之為「前瞻行為」，即在事件發生前可進一步預防和減輕潛在威脅的衝擊，故將前瞻因應分成五個階段：資源累積（resourceaccumulation）、確認潛在壓力源（recognitionofpotential stressors）、初步的評估（initial appraisal）、初步因應的成果（preliminary coping efforts）以及引發和使用與初始努力成果相關的回饋（elicitation and use of feedback concerning initial efforts）。Bode、de Ridder 與 Bensing（2006）認為前瞻因應則是目標管理，注重於將那些威脅、傷害或失落的壓力源視為挑戰，採取較正向的態度和方法，以為未來和潛在的危機進行準備和規劃，故前瞻因應具有「整合預防」以及「預防不希望改變」的觀點等特性，以達到前瞻自我調控的目標（proactive self-regulatory goal-attainment）。Schwarzer 與 Taubert（2002）則將前瞻因應視為目標設定與實現的過程，是一種個人傾向和對未來生活挑戰做好準備的能力，前瞻因應可協助個人建立內外在的資源，並設定更

有挑戰性的目標，積極地努力改善個人生活，以面對未來的挑戰，進而促進個人目標的改變和自我成長。Greenglass（2002）也提出前瞻因應是具有多面向和未來性的因應策略，結合未來取向規劃和目標設定策略，以整合個人的生活目標管理與實現的過程，包含建立普遍性的資源以促進實現目標的挑戰和個人成長，所以前瞻因應有助於個人繼續追求或達到個人目標，具有前瞻因應的能力更顯為重要。Greenglass 與 Fiksenbaum（2009）提出前瞻因應會因個人目標、潛在壓力、生活經驗而有所不同，進而指出前瞻因應是一種未來導向的觀點，可協助個人設定實際的目標和具有規劃的能力，即前瞻因應具有未雨綢繆的觀點，此外；前瞻因應可預測正向的重要結果，以及可促進健康和幸福感，並且前瞻因應可透過確認和正向的方法來處理壓力源。盧婧宜（2014）亦指出「前瞻因應」之內涵，包含四個層面，分別為「前瞻因應之意識形成」、「前瞻因應之實際行動」、「前瞻因應的資源累積」和「前瞻因應的回饋」。所謂的「前瞻因應之意識形塑」是指個人可能會意識到潛在問題或可能的發展，以因應未來的需求和預測未來；「前瞻因應之實際行動」是指個人對於面對未來預期或非預期的問題和挑戰所採取的行動策略，可能是對於未來生涯發展的目標設定與自我調節目前現況，或是針對個人所遭遇到的問題或困境進行反思，進而對未來的生活產生安排與規劃的行為；「前瞻因應的資源累積」是指個人會針對自己所安排的計畫去進行各種資源累積與問題解決的策略等，例如：累積時間、金錢、組織和規劃能力、家庭和朋友的社會網絡，以幫助自己達成目標，進而達到個人自我成長；最後「前瞻因應的回饋」是指個人在具有前瞻因應的意識，並採取實際行動和資源累積後，可有助於其降低或預防潛在威脅的衝擊與影響，進而獲得的收穫與益處。

綜上所述，前瞻因應是一種預防措施，也是一種動態的歷程，在整個過程中，前瞻因應的結果會因個人目標、生活環境與人格特質的不同而產生差異性，透過前瞻因應作為可幫助個人在面對潛在壓力或事件發生前，進一步預防和減輕威脅的衝擊，同時可協助個人對於未來可能的衝擊與挑戰能提早進行規劃並採取實際的行動，以增進因應未來生活挑戰的能力，進而提升生活品質和促進健康。

貳、因應新冠肺炎的前瞻因應

　　新冠肺炎疫情正在給全球帶來巨大衝擊，Maliszewska、Mattoo 與 van der Mensbrugghe（2020）以一般均衡模型（general equilibrium model）模擬新冠肺炎對全球生產總值和貿易的可能影響，指出新冠肺炎疫情的衝擊，使得勞動力和資本利用不足、國際貿易成本增加、旅遊服務下降以及從需要人與人接觸的活動需求轉向（馮祥勇，2020）。澳門地區職業別超過 80%以服務業及觀光業為主，然隨著疫情狀況不斷變化，對澳門居民的日常生活及行為亦產生重大影響。在這場突如其來的災難事件中，澳門居民存在不同的情緒及心理狀態（盛綺娜、李京、李明惠、張榮顯，2020）。盛綺娜等人（2020）針對澳門居民新冠肺炎預防行為及心理健康狀況進行調查，研究結果發現，受訪之澳門居民因疫情而最常感到「難過」及「焦慮」，但「無助」的心情則較少出現，也許是特區政府針對本次疫情推出多項防疫應對措施，有助於居民更好應對疫情，令居民整體較少感到「無助」，不過部分人群存在各方面的負面情緒，包括商人及無工作者感到「有壓力」較頻繁，或在疫情影響下，企業經營面臨困難、求職難度增加有關；此外，年輕群體及學生在疫情期間較其他居民更頻出現「心煩」、「憤怒」及「無助」等情緒，顯示該部分人群更容易出現負面情緒，需注意放鬆和調整心態。從此現況調查可以瞭解澳門在地居民對於新冠疫情擔憂仍未解除，政府及企業需持續提供相關資源及策略，儘快讓居民回復正常生活。針對此次疫情影響，本篇提出三個面向的因應措施以供參考。

一、個人層面前瞻因應

（一）對疫情保持正向、樂觀態度

　　李京、盛綺娜、李明惠與張榮顯（2020）對澳門民眾進行一項研究，以了解澳門居民接收新冠肺炎疫情資訊的情況、對受感染的擔憂程度、對澳門控制疫情的信心，以及探討疫情資訊對澳門居民的防疫心理狀態的影響。結果顯示：受訪居民對新冠肺炎疫情相關資訊關注度高，較多居民關注政府發布的疫情資訊，大部分認為政府發布的資訊對自己有幫助，有效獲取資訊可增強居民對本澳抗疫的信心，但過度關注資訊會使居民越擔心自己感染新冠肺炎、較易對居民的防疫心態帶來負面影

響，因此，疫情資訊對居民的防疫心態存在一定影響，且影響具兩面性，居民需合理調節、平衡對疫情相關資訊的關注，對政府作為保持信心，適度放鬆心情，以達到更積極的抗疫效果。

（二）建立對疫情的正確認知

洪敬富（2020）的研究指出，在新冠肺炎疫情發展過程中，不約而同出現搶購甚至搶奪醫療物資的現象，更甚者與醫療人員發生衝突，居家檢疫者私自外出的案例。韓國疫情大爆發的主因之一，正是新天地教會感染者拒絕檢測並參加各類活動所致。此外，由於疫情最初爆發在中國大陸，也使得美國社會對華人，甚至黃種人產生了歧視，甚至攻擊，這些現象除了突顯疫情所在各國造成的心理恐慌外，也反映出各國民眾在面對傳染病時缺乏正確認知所導致的社會失序亂象。非傳統安全，如 SARS、新冠肺炎等的衛生安全作為，應是深入社會中各個角落與個體，國家的治理作為往往需要民間力量，特別是個人行動上的積極配合。因此，民眾對公共衛生的認知與公民素養就顯得相當重要。唯有民眾具有相關議題的正確概念，並與國家力量相互配合，才能真正落實非傳統安全上的保障。

二、企業層面前瞻因應

疫情的擴散已經見證今日勞動市場機制的僵化性，一方面可能無法因應疫情變化下更靈活的勞動市場需求；一方面則在新的勞動市場工作形態下，又見證了既有制度對勞動者保護之不足。因此，面對疫情衝擊所造成產業的解構，企業必須重新思考新的策略與規劃。

（一）遠距工作的發展與訓練

現今雖科技資訊發達，網路的無遠弗屆讓我們習以為常，但仍無法脫離辦公場域辦公模式，一旦面對社會環境的封鎖，所有產業動能就如同一灘死水無法動彈。而遠距工作則突顯其重要性。企業在面對疫情肆虐下，必須進行組織設計與工作設計之轉變，以維持企業的運作。為因應員工安全與操作上的需要，乃至遵守政府及法令之要求，傳統上的工作組織，就必須調整組織與工作的設計。公權力與企業都

希望員工減少可能的群聚或近距離接觸造成的風險，企業因此會將原本矩陣式的組織模式，轉變為更簡潔，更有效率，但更疏離的模式。因此，遠距工作已被預估將快速成長，集中工作場所的工作也將會減少，即使疫情獲得控制後，遠距工作仍會繼續擴張，企業也將調整政策，容許員工擁有更多彈性從事遠距工作。遠距工作之擴張也拓展了企業人才運用範圍的彈性，不論是在地理位置或人口結構上，企業都可增加更多的選擇。新的工作組合方式將容許企業在全球尋找其人才，因此也會促進其人力結構之多元化，增加少數族群的僱用機會（潘世偉，2020）。

（二）工作數位化

潘世偉（2020）的研究亦指出，在新冠肺炎流行前已經著手建構數位化轉型的企業在疫症流行時也相對比較有應對的能力。這些企業能夠適時地將其既有的工作流程，透過數位化規劃，避開疫情對於企業工作流程之影響，這些企業利用數位化的工具重整其生產線以及辦公室，增加員工間的社交距離（social distance），重新設計如何接觸與共作、溝通以及遠距工作等。有些企業已經推出數位化方針，教導組織中跨越不同部門的員工，熟悉數位科技與建立虛擬化的學習窗口。除此以外，這些企業也利用此一危機，將疫情危機的回應轉化為指導方針的內容，以進一步對應疫情情勢之變遷。

（三）企業員工技能再訓練及進階訓練

面對疫情的衝擊，企業領導人必須精準、快速地掌握組織的未來願景，預作前瞻規劃，並提升在團隊中扮演的角色，包括新開發、變遷中，以及衰退中的職務之角色。人力資源管理在過程中將扮演主要的功能，經由強化組織勞動力的策略來達成提升技能的目的。也就需要認知新開發的領域需要何種新的人才，正在變遷中的領域則需要既有人才學習新的技能，而即將衰退的領域則人才會過剩。組織如何使學習具有成效是企業必須著眼之課題。企業更須建立終身學習的組織文化，將學習與組織發展或調整的路徑結合，不能只是事後的成果。員工可以參與學習計畫設計的過程，促進由下而上之學習，將學習視為組織常態，確保招募與升遷的標準能夠反映數位化學習的公開性與被認同性。

（四）重視員工疫後的福利福址是企業重要的目標

疫情期間，除了遵守政府相關防疫規定外，確保後疫情時代工作場所的環境安全更是企業需重視的課題。企業應運用員工協助方案（Employee Assistance Program, EAP）幫助員工改善其行為與心理的健康。透過在地化的健康福祉計畫提供個別員工客製化的協助，同時運用數據（如員工調查以及自我申報制度），支持計畫的設計和提供完整的員工健康與福祉的圖像。

三、政府層面前瞻因應

從災難衝擊的觀點而言，無論是新冠肺炎或是氣候變遷都構成了強烈的全球化跨界風險，跨越疆界、領域、並迅速地外溢到經濟、倫理、社會、族群、弱勢問題。目前，因新冠肺炎，世界各主要國家或因鎖國，或以各種方式限制活動，引發全球部分生產分工的斷鏈，以至於引發全球經濟大蕭條的危機，一旦單一國家的治理赤字（如隱匿、制度闕漏、威權體制等）導致超越臨界點，而爆發全球各國無法挽回的災難性後果，將不下於、甚至超越當前人們眼前的悲慘世界（周桂田，2020）。此種全球化跨界風險之發生頻率、擴散速度、擴散範圍、衝擊時程與外溢效果來看，我們不只需要將之視為「新常態」（new normal），並且更需要理解其為「破裂性的新常態」（disruptive new normal）；透過這樣的破壞、裂解，甚至癱瘓目前的醫療系統、治理系統、經濟系統、甚至社會系統（性別、人權、倫理等），我們能夠學習什麼？倡議全球永續發展重要六大關鍵面向的 TWI2050-The World in 2050（2018）及 Future Earth（2020）即指出，人類需要透過此種「破裂性」趁機進行創新、學習並強化永續性，方能邁向新的未來社會，因此，在政府作為方面可有以下幾點：

（一）加強邊境管制措施

澳門人口密度高。根據澳門統計暨普查局在 2019 年的統計，澳門的總人口有 679,600 人，土地面積為 32.9 平方公里，人口密度為每平方公里 20,400 人。在人口密度如此之高的澳門，一旦傳染病在社區爆發，極易短時間內迅速傳播，造成廣泛影響。而澳門與內地及外地交往頻密，防止新冠肺炎輸入成為遏制該傳染病的重要

環節。澳門在水路、陸路、航空三大入境途徑均因應疫情的變化制訂了嚴格的防控措施，大大降低了出入境人口流動，也遏制了輸入性個案發生，從而為澳門地區無社區感染這樣的傲人成績打下了基礎。但澳門地區邊境防控措施並非是建立在對本地和外圍新冠肺炎流行趨勢分析的基礎上進行的預見性防禦，而是基於外圍防控政策的改動而做出的相應調整。隨著全球各地逐步開放邊境，澳門勢必會逐步擴大開放邊境，隨之而來的是輸入性個案增加的風險，澳門今後要保持邊境管理聯動、執行力強的優勢，同時也要借鑑其他地方（如台灣）的成功經驗，加強預見性措施的制訂，提高防控主動權，在經濟逐步恢復、對外交流逐步擴大的前提下，最大限度減少輸入個案風險，從而守住無社區爆發底線。

（二）針對此前疫情失業人員提供在職訓練機會，充實人力資本

此次疫情影響非常明顯，尤其中小企業受創更嚴重，進而導致許多產業面臨關廠、裁員及放無薪假的情形。有鑑於此，不論企業是否實施無薪假，政府針對受影響製造業及相關技術服務業之本國籍在職員工，提供免費課程與培訓津貼，以提升員工職能、穩定就業，在疫情緩和後可投入高價值生產（馬毓駿，2020）。

（三）建立跨國資訊透明與分享的管道

風險社會通常具有全球性、突發性、不可控等特色，因此各國間的資訊透明與分享就顯得相當重要。唯有在第一時間獲得清楚且可靠的訊息，建立跨國資訊透明與分享的管道，各國政府才能及時研擬應對方案，確保彼此的（公共衛生）安全，並將事態與損失降到最低，甚至防範於未然。

新冠疫情是在全球製造業中心的中國大陸爆發，受到經貿全球化的誘因及現代航空運輸的便利，透過人們四處走動的衝動傳播而推波助瀾。除了儘速找到對的方法積極因應外，未來需要更多的跨國合作及清晰透明的科研資訊來共同對抗疫情（李永展，2020）。由於澳門防疫有所成效，在此階段，行政資源已有餘裕思考後疫情時期的全面布局，因此更應汲取 OECD 的建議，採用「戰略前瞻」構思未來的澳門願景。透過前瞻分析研究，慎思未來決策。

參、前瞻因應的衡量與模式

有關前瞻因應之模式與衡量，經參酌相關文獻，以盧婧宜（2014）之論述較為完整，本篇予以援用與本研究相關之論述，主要從 Aspinwall 與 Taylor（1997）、Greenglass（2002）等學者所提出的前瞻因應觀點來說明，並分別論述其內涵。

一、Aspinwall 和 Taylor 前瞻因應的五階段論

Aspinwall 與 Taylor（1997）認為「前瞻因應」是人們可預先或提前發現潛在的壓力源和預先行動，在事件發生前進一步的預防和減輕潛在威脅的衝擊，故將前瞻因應分成五個階段：資源累積（resource accumulation）、確認潛在壓力源（recognition of potential stressors）、初步的評估（initial appraisal）、初步因應的成果（preliminary coping efforts）以及引發和使用與初始努力成果相關的回饋（elicitation and use of feedback concerning initial efforts）。

（一）資源累積

這些資源包括時間、金錢、組織和規劃能力、家庭和朋友的社會網絡以及更多的個人資源，個人可能會意識到潛在問題可能的發展，並且可以使人思考未來可能發生的事件、預期面臨的壓力源，並採取因應措施以補償或將事件發生後的影響降到最低。相反地，若是缺乏時間資源，再加上疲倦，可能會使這些人對於警訊的確認相對較低，而他們也可能較沒有時間去思考未來和可能發生的壓力源，甚至伴隨著時間的壓力或疲倦，可能導致他們對於壓力源訊息的意識較不足，且若沒有足夠的時間或精力，就無法規劃前瞻策略。

（二）確認潛在壓力源

偵測潛在的壓力源需要注意潛在的威脅訊息，即個體能看見潛在壓力源的能力，並從環境中篩選出危險的訊息，而有時候這些任務包含來自於環境的警訊描述，而在其他時候，潛在的壓力源的訊息是來自於個人內在的反思過程，此外也有研究指出潛在壓力源的檢測可以促進未來導向，透過時間取向和規劃可確認個體的

程度差異，並使參與者思考未來和規劃或使用現有的成果來作為評斷與未來結果相關訊息的依據。例如：在公司裁員、公司被收購、資金短缺、未來職缺訊息等等，所以必須要提早做更好的準備予以因應。

（三）初步的評估

指的是一旦檢測到壓力源就必須進行評估，初步的評估至少有兩個相互關聯的任務，一個是對問題的定義（definition of the problem），另一個是對覺醒的監管（regulation of arousal），會影響這些任務的過程和因素，包含概要、心理模擬、個體差異的評估和社會資訊的使用。而問題的定義，在初期階段潛在的問題可能程度上較低且形式上是較模糊的，所以從最初的評估導向前瞻因應，個人就必須試圖從初始或模糊的負向線索中找出意義，例如：潛在威脅的特點、強度、可接近性、表現方式、過去的經驗和專門知識等，這些因素會影響個人如何解釋潛在的危險訊息和提供個人初步了解危險訊息所可能的意義，同時在此階段，個人必須注意和了解潛在的危險訊息可能會產生的變化。此外；在此階段最常進行的心理活動就是心智模擬，心智模擬是模擬真實或假設的事件，包括未來可能發生的事件演練和對未來的幻想，心智模擬可反映出真實的情境，且會因個體真實的感覺形成各種因素，透過心智模擬不僅能夠定義危險訊息的意義，還可以縮小初步評估和初步因應結果的差距，藉此提供與訊息相關的計畫行動。

（四）初步因應成果

主要是對於初始的壓力事件的定義，透過初步的評估會使個人相對地針對這些壓力源採取行動，以成功避免和降低這些潛在的壓力源，有研究顯示個人的樂觀或個人控制感的程度越高（Schwarzer, 1994），將會反映出更多因應資源、多元的方法、更多成功管理潛在壓力源的經驗、因應不同的認知過程（如：心智模擬）、採取行動和更多自我效能的信念，在 Aspinwall 與 Taylor（1992）的研究也說明樂觀者較會使用主動因應的策略，悲觀者較會使用逃避因應策略，之後更進一步指出最初評估的過程中會因個體而產生差異，並且認為主動因應會比逃避因應更能消除或改變潛在壓力事件，以及主動因應的成果更能針對潛在壓力源提供有用的訊息回

饋，進而使個人能成功地防止或降低壓力的影響（Aspinwall & Taylor, 1997）。

（五）引發和使用與初始努力成果相關的回饋

此階段指出如果初步評估的早期訊息或動機不完整可能會導致扭曲潛在壓力的正確性，然而，即使初步評估的訊息是合理準確的，初步的嘗試管理壓力源或確認其發展也可能失敗或使問題更加劇，因此，為了能有效且成功地引發和使用與初始努力成果相關的回饋，個體必須不斷地管理潛在的壓力源和保留資源。主動因應者會比逃避因應者對於潛在壓力獲得更多的訊息，且主動因應者可有效地從回饋中獲得更多未發現的情形，並有效地應用於不同的情境需求，另一方面，社會支持網絡在初步努力成果相關的回饋中也是非常重要的，透過社會支持網絡，人們可從他人身上找到效益或他人的行動中找到相關的訊息，而這些訊息可能是在說明潛在的壓力源，也可能是一個新的因應策略處理和確認威脅事件。

二、Greenglas 的前瞻因應測量工具

Greenglass、Schwarzer、Jakubiec、Fiksenbaum 與 Taubert（1999）發表「前瞻因應量表」（Proactive Coping Inventory, PCI），目的是為了從多面向評估個人對於未來潛在的壓力、困難的情境下所做的反應（Greenglass, 2002），前瞻因應量表在 1998 年時，共有 18 個子量表和 5 個面向，共有 137 題，而 Greenglass 於 1999 年將前瞻因應量表更改為七個層面，共 55 題，以下為分別說明。

（一）主動因應

第 1 份量表為主動因應（Proactive Coping），共計 14 題，主要是評估再測量自主目標設定與自我監管目標實現的認知和行為。

（二）反思因應

第 2 份量表為反思因應（Reflective Coping），共計 11 題，主要是評估個人面臨問題時的反思，藉由人們的想像力以模擬和思考各種可能的行為選擇，包含集體腦力激盪、分析問題和資源，並產生假設性的行動計畫。

（三）策略規劃

第 3 份量表為策略規劃（Strategic Planning），共計 4 題，主要是評估個人產生目標導向的行動計畫之過程。

（四）預防因應

第 4 份量表為預防因應（Preventive Coping），共計 10 題，主要是評估個人在處理預期的潛在壓力和這些壓力發生前所做的事前準備工作。

（五）尋求工具性支持

第 5 份量表為尋求工具性支持（Instrumental Support Seeking），共計 8 題，主要針對個體在處理潛在壓力時，從個人的社會網絡中獲得建議、資訊和回饋等。

（六）尋求情感支持

第 6 份量表為尋求情感支持（Emotional Support Seeking），共計 5 題，主要是在調節暫時性情緒困擾，透過向他人說出自我的感受以喚起他人的同理心，並從社會網絡中尋求同伴。

（七）逃避因應

第 7 份量表為逃避因應（Avoidance Coping），共計 3 題，主要是個人在面對壓力或困境時，選擇延遲或逃避的行為。

Greenglass 與 Schwarzer 等學者將前瞻因應量表完成後，並施測在加拿大學生（252 人）、波蘭裔加拿大成人與學生（144 人）三組族群上，分析的結果良好，因此量表之信、效度良好，且為多國所使用，據此，本研究亦以此份量表作為衡量工具，以瞭解澳門地區居民對於前瞻因應態度之現況。

◆ 第三節　風險社會下的人才培育

受到風險社會不定性及全球化的影響，社會企業的發展伴隨著諸多的問題與挑

戰，其中，人力資源管理是組織發展不可或缺的策略，為解決社會企業所面臨的人力資本困境，必須先從組織內部人才培育著手（林琬倩，2014），因此本研究所關注的焦點是人才培育的問題與方式。「人才培育」的目的，在協助企業組織業務計畫、業務執行與業績考核之運用，以改善組織所屬人員現有的業務績效及提升未來發展潛能，進而強化組織的優勢（高武靖，2015）。Cassell、Nadin、Gray 與 Clegg（2002）認為所謂「人才培育」是指企業為了提高員工在執行相關職務或業務所需具備的知識、技能及態度，或培養其解決工作問題之技能的相關活動，以及個人生活一般知識、能力之培養，當然包括專門知識、技能及生活環境的適應力之培養，較為長期、廣泛且較為客觀之能力發展。就管理領域而言，組織即社群，是每位成員、每個人激盪與成長的搖籃，但是只要有「人」、有「社群」，就會問題，就需要有管理。尤其是在疫情衝擊時，各產業面臨人才過剩，後疫情時代人才匱代的問題，人才培育可作為企業解決人才不足問題之較好策略，最終的目的乃是希望為企業培養具有良好技能及勞動力的外部人力資源，或是針對企業所需之員工技能來教育企業內部員工，之後再運用企業內部所擁有的這些人力資源，來達成企業設定的目標績效（Huselid, 1995）。

壹、人才培育的定義

　　林琬倩（2014）指出人才培育之重要性，援用張博堯（1999）提出「人才培育」的十個省思中──「管理發展與領導效能、組織發展與團隊訓練、變革管理與文化創新、訓練績效評估與改善及終身學習與生涯發展……。」綜合其對人才培育意義，應為對人才進行「管理領導、發展訓練、創新評估與學習」等教育訓練，「人才培育」係屬於長期性的教育人才培養方式，應從規劃、實施與成效評核等歷程，以整體性系統觀來完成（趙翠芬，2006）。企業需對職工或員工給予合適的教育訓練，設計與以往不同的人力方案，使人力資本具備達成企業的目標（官有垣，2005）。由此可知，企業的人力資本可以透過教育訓練的方式培育，但培育的內涵應該因應組織形式與內涵的不同，人才培育的策略也應該有所調整。「訓練」是為

了改善員工目前的工作表現以提高工作績效，訓練活動的功能在於養成員工的工作技能；「教育」是欲培養員工在某一特定方向的能力，以期配合未來工作能力的規劃，教育活動的功能在於提升員工基本的、廣泛性的能力；「發展」的目的在獲得新視野，產生新觀點，使整個組織有新的目標（黃英忠、溫金豐，1995）。教育、訓練、發展三者在概念上確實有所區別，但在實際運用上卻不易清楚劃分，此三者活動之總體目標有其一致性，但在功能上又相互影響，因此這三個活動可分別實施亦可同時進行（黃英忠，1993；許宏明，1995）。對於企業人才培育的方式而言，教育、訓練以及發展皆不可少，應該將「教育」、「訓練」合併為「教育訓練」，並將「發展」的精神融入其中，將人才培育定義為：透過教育訓練在於培養員工的知識、技能、態度、習慣與解決問題的能力，激發員工最大的潛能，獲得新視野，產生新觀點，使整個組織兼具符合社會企業之雙重目標，以因應目前或未來組織、職位的發展需要有計畫的教育訓練活動。

貳、澳門五年中、長期人才培育行動方案

　　澳門特別行政區政府人才發展委員會早前收集了委員及專責部門在人才規劃評估、人才培養、人才回流等三方面的構思和意見，並委託研究機構作進一步研究分析，確立了相關行動方案初步內容。當中涉及一些機構／政府部門負責的工作，澳門人才發展委員會向相關單位進行諮詢，並完成了行動方案最終文本。行動方案明確特區政府中長期人才培養方向，透過各單位按序推進各類型人才建設的措施／項目，配合特區整體發展規劃。目標培養人才包括：重點領域緊缺人才、產業多元人才、金融保險、中、葡雙語和海洋經濟人才，精英、專業和應用人才、回流人才、科技創新人才、競賽型人才、公僕人才等。

　　截至 2020 年 7 月 31 日共推出約 129 個具體項目，項目主要範疇包括教育活動、學習計畫、實習計畫、考察交流、會議、培訓課程、科研、課程評鑑、職業技能測試、考證、創業／投資計畫、基金資助、制度優化等，項目約 70% 屬持續性和年度性，接近 97% 達致預期成效，行動方案內容具體工作包括：按序開展不同

行業人才需要調查研究；構建和優化人才資料庫；推動金融保險、中、葡雙語、海洋經濟和創新型人才培育；繼續推動產學研究，形成具有競爭力的人才培養機制；以行業需求為導向，推動專業及應用人才的專業認證制度；探討現行鼓勵及資助青少年參加國際性或地區性交流和比賽的機制；增設獎學金制度，促使院校引入國際知名專家學者協助師生拓展眼界；重視師友關係和經驗教育，創造更多學習和實習機會，扶助多元人才；推動市民考取證照，提供專業技術水平，「訓、考、用」緊密結合；向有意回流的澳門人才提供澳門發展、就業及生活資訊；通過各種有效渠道與在外澳門人才保持經常性且緊密的聯繫；完善有關制度，優化海外人才回澳發展的政策環境；加強海外澳門人才與本澳社會互動，提升他們回流發展的機會，相關規劃如下（澳門特別行政區政府人才發展委員會，2021）。

一、在已完成的博彩業、零售業、酒店業、飲食業和會展業的人才需求調研基礎上，研究其他配合澳門加快發展「一個中心、一個平台」的行業人才需求，適時公布重點領域緊缺人才資料。並進一步開展金融保險、建築業的人才調研項目。執行策略如下：

　　1. 加強促進相關機構或團體與人才發展委員會合作，發揮協同效應，能更好地整理及宣傳人才需求資訊，使社會大眾更全面地了解相關行業的需求及缺口，為制定適當的職業規劃提供參考資訊。

　　2. 透過行業人才需求調研，構建緊缺人才需求資料庫。

　　3. 構建網上資料收集平台及更新機制，讓企業及機構以便捷方式填報和更新資料。

　　4. 至少每十二個月公布一次人才資料，但亦視實際狀況作適時更新。

二、為配合「澳門特別行政區五年發展規劃」的發展方向，人才發展委員會積極鼓勵社會各行業人才進行人才資料登記，以構建人才資訊系統。執行策略如下：

　　1. 繼續大力推動澳門人才資料庫的建設及數據分析，包括：與澳門各中學及大學校友會合作，鼓勵其舊生尤其是在其領域有所成就的校友，無論是身處澳門或外

地的人士，鼓勵他們進行人才資料登記，豐富高端人才的資訊。聯絡澳門知名人士登記及填寫人才資料庫，繼而善用機會宣傳澳門人才資料庫，鼓勵各階層人士對資料庫提供資料，提高社會對人才資料庫的關注度及了解其重要性。

2. 資料庫未來將加入申領「人才培養考證激勵計畫」並已考到葡語 B2 等級或以上成績，且獲得額外資助的澳門居民之相關統計數據。

3. 發布有關人才資料庫的年度報告，令社會更了解人才資料庫對澳門企業及社會的功用。

4. 構建證照資訊平台系統。

5. 構建一站式的澳人回流資訊平台，協助有意回流的人才取得所需的澳門資訊。

6. 推動政府與海外著名院校及澳人社團合作，主動地在海外推廣登記人才資料庫的重要性，並透過鼓勵海外澳門傑出專才登記，把握機會發揮名人效應，舉辦名人講座或研討會，以及適當加入人才資料庫的宣傳。

三、配合「澳門特別行政區五年發展規劃」發展方向，加大推動創新型人才培育，以及為產業多元化發展提供合適的人力資源供應。執行策略如下：

1. 促進與社會組織及教師團體的合作，產生協同發展效益，共同研究有助培養學生創新思維的教學模式，為下一步的創新教育提出改革思路。

2. 在培訓活動及課堂以外，進一步提供機會給予學生自我實踐，擴闊視野，如組織及支持中學及大學生，安排他們參加海外交流團或參與國際比賽等。

四、密切關注產業規劃發展，積極培養和支持金融保險、中葡雙語和海洋經濟等範疇的人才培養。執行策略如下：

1. 研究如何配合新興產業發展培養人才，讓人才規劃能夠配合產業發展。

2. 打造澳門成為中葡雙語人才培養基地。透過落實「澳門高等院校中葡人才培訓及教研合作專項資助計畫」，推動澳門院校的葡語教育及加強其對外交流，以利培養中葡雙語人才。

五、繼續推動產學研，從而形成具有競爭力的人才培養機制。執行策略如下：

1. 鼓勵院校積極推動產學研結合模式，推行先導計畫，鼓勵私立大學與行業結盟推動確立合作方式（例如：學院進行行業及商用性產品研究、業界人士參與課程設計及教授，將最新的應用知識傳授等）。

2. 透過政府設立基金，或撥出部分科研基金資助校企兩方面合作，將學術研究的成果產業化。

3. 推動澳門成為一個離岸創業平台，以利澳門人才在外發展的研究項目與本地的企業配對。吸納科學創新項目在澳門實踐。可以考慮對離岸合作的項目提供行政及財政上的扶持。

六、引入師友啟導機制，以帶教方式培育人才，使人才除技能及知識外更兼備各種軟性技能。執行策略如下：

1. 在專業及應用人才層面均設立師友啟導機制的先導計畫。邀請本地及鄰近地區的專業界別人士成為導師，可在創業家的群體中設立師友啟導機制或行業的討論群體，由具經驗的專業人士帶領討論。離岸合作平台為項目不一定走進來、走出去。可以是與進行澳門配對掛勾工作，並以先導計畫處理。

2. 推動引入師友啟導制和資深人員帶教人才培養機制。以先導計畫形式，以點帶面，鼓勵資深人員推動師友帶教計畫，重點針對大學工科畢業生推行帶教計畫。

七之一、以行業需求為導向，推進有關專業人才及應用人才的專業認證制度。逐步就行業有關專業及應用人才的技能及認證需求進行討論和研究。研究設立人才評鑑價制度，配合人才培養長效機制。執行策略如下：

1. 逐步與澳門行業公會溝通，了解行業對不同種類專業認證的需求。收集證照及專業資格的統計數據。

2. 研究與外地專業評審制度接軌及互認，豁免海外專業人才於澳門的專業認證試，減輕潛在回流的高端人才所面對的阻力。研究借鑑外地先進國家或地區的認證

經驗，探討如何透過修訂現有機制，或建立澳門的專業認證機制，更有效地去吸納已在外地獲專業認證人士回澳服務，以及為澳門社會提供向上流動的階梯。

　　3. 關注社會各界對於人才評鑑的需求，人才發展委員會將按行業需求，逐步展開相關專業的人才評鑑制度。

七之二、加快推動落實專業認證制度和職業技能測試制度，設立獎勵制度激勵本地的專才考取國際證照，適時引入國際認證，並擴展相關的認證課程。執行策略如下：

　　設立獎勵計畫，讓更多本地專才考取國際專業證照。鼓勵本地院校擴展與國際認證機構合作開辦的專業課程。

八、探討現行鼓勵及資助青少年參加國際性或地區性交流和比賽之機制，對培養年輕人國際視野、創新思維及自我實踐能力之作用。執行策略如下：

　　探討設立的比賽獎勵制度對青少年的鼓勵作用。除讓青少年交流之餘，亦可了解其知識領域是否與國際標準相接軌。

九、完善現有基礎，進一步加強實施獎助貸學金制度，尤其是針對考入世界名牌大學的學生支援和資助，重點配合澳門發展為「一個中心、一個平台」的角色，為澳門未來社會發展儲備高端人才。執行策略如下：

　　考慮增加獎助貸學金制度的資助上限，尤其是加強對考入世界頂尖百強大學學生的資助，以及配合「一個中心、一個平台」發展所需的高端人才。

十、邀請海外著名教授作短期講座或講授課程。提供學生更多海外實習機會，以及培養更多年輕教研精英到世界著名大學和國際組織交流實習。執行策略如下：

　　1. 鼓勵澳門高等院校邀請海外著名教授來澳主持課題或講授課程，甚至加盟自己的高等院校。例如：澳門大學邀請諾貝爾得獎者及澳門科技大學的名師院士講座。

2. 與海外知名組織簽署協定，例如：與聯合國教科文組織簽署優秀應屆畢業生實習計畫，與葡萄牙科英布拉大學籌備碩士學位課程，人才發展委員會亦推出「里斯本工商管理碩士課程資助計畫」。

3. 繼續與國際頂尖院校合作，培養更多年輕教研精英到世界著名大學和國際組織交流實習，參加國際性或地區性的研究課題。

十一之一、通過公開選拔的形式，協助和支持有潛質的公務員出外接受培訓及交流。執行策略如下：

1. 鼓勵及支持有潛質的公務員赴外地著名高校或培訓機構就讀政府管理高端課程。

2. 加強公務員外派實習和交流機會，藉此儲備未來政府的領導及主管人才。

十一之二、研究調整現行公職制度，吸納世界各地的澳人回流。執行策略如下：

研究調整公職投考資格的部分規定，讓在世界不同學制下培養的澳門人才能回澳投考公職。

十二、配合澳門社會發展和語言教育政策，加強推動專業人才三文四語的培訓工作，為澳門儲備中葡平台所需的雙語人才，建立良好的中葡語文學習環境。執行策略如下：

1. 增加特別大專助學金名額，幫助學生升讀葡語或中葡翻譯的大專課程。

2. 鼓勵未來澳門高等院校開設葡語課程時，安排學生到葡語系國家實習交流。

3. 支持教育專責部門擴展葡語在澳門社會的普及程度，重點培養精通葡語的人才。

4. 推出「人才培養考證激勵計畫」。

十三、繼續以「技能提升」、「培訓結合考證」和「就業掛鈎」作為開辦職業培訓課程的主要發展方向。從大型企業著手，透過給予一定數量的技能測試名額資助，鼓勵企業組織本地員工參加技能測試，

以協助從業員考取技能證照。執行策略如下：

1. 將「訓、考、用」（培訓、考試、運用）緊密地結合，培養具備實用知識的技能人才，為不同行業建設應用人才團隊。透過與企業合作培訓，協助從業員考取技能證照。長遠為員工帶來向上或橫向的流動機會，拓闊個人職業生涯的可持續發展。通過人力資源供求的研究和分析，辨別有職業發展前景的行業及工種，以在職帶薪模式開辦培訓課程，協助在職人士獲得其他專業技能。繼續深化現有勞資政三方合作開展的「在職帶薪培訓」工作，藉以提高業界專業技能水平。

2. 鼓勵企業為僱員提供前往其海外分支機構進行在職培訓的機會，以拓展僱員的國際視野、交流工作經驗和專業技術，並促進個人職涯發展。

十四、繼續加強粵澳地方的區域合作及在澳企業的合作交流，為各行業提供職業技能測試。執行策略如下：

持續為各行業不同工種推出職業技能測試，拓展更多考取澳門、內地及國際認證的機會，促進應用人才技能與內地及國際接軌。

十五、持續與本地及海外的澳門人相互聯絡，讓海外澳門人才實際地了解澳門的發展以吸引他們回流。執行策略如下：

1. 透過本地校友會及青年社團聯繫本地和海外的澳門人，以及透過澳門特別行政區政府駐外機構與在世界各地的澳門人建立緊密聯繫。

2. 持續開展跟蹤調查，了解澳門大學生畢業後回流及留澳工作意願。

十六、鼓勵在外人才回澳分享經驗及短暫服務。執行策略如下：

1. 繼續推動和跟進「海外人才回流考察計畫」，鼓勵優秀澳人回流分享成功經驗，加強他們與本澳社會的互動，以提升他們回流發展的機會。

2. 優化「海外本澳人才短期回澳先導計畫」，吸引在外的澳門人回澳發展。除吸納科研人才外，將逐步擴展至吸引金融及高等教育等範疇的專才。

3. 為了吸引外地澳門居民，尤其具特殊專長或資深退休人士，構思有關經驗分享或技術指導活動，讓在外的澳門居民有不同服務澳門的機會。

十七、通過各項措施增加海外就讀學生的體驗，並鼓勵他們回澳發展。執行策略如下：

1. 探討澳門與中國大陸創業谷離岸人才合作的可行性，令澳門能成為中國大陸與海外人才合作發展的橋梁。

2. 配合新頒布的《高等教育制度》，鼓勵澳門高校加強與中國大陸高校合作培養人才，例如：「2+2」的合作方式（兩年在內地、兩年在澳門修讀課程），讓畢業生能同時取得兩校頒發的學位。

另外，澳門政府在疫情期間亦開設多種課程讓學員予以進修與增能，開課課程，如表1-4。

表 1-4　課程開設一覽表

課程分類	2016	2017		2018		2019	
	人次	人次	年變化率	人次	年變化率	人次	年變化率
商業及管理	17,991	18,184	1.1%	18,878	3.8%	26,139	38.5%
電腦	6,330	5,852	-7.6%	5,055	-13.6%	5,188	2.6%
語言	5,911	5,755	-2.6%	5,847	1.6%	5,838	-0.2%
旅遊、博彩及會展	2,137	5,748	169.0%	6,511	13.3%	5,664	-13.0%
保安及職業安全	3,482	4,309	23.8%	5,494	27.5%	6,214	13.1%
藝術、設計及成衣製造	3,074	2,468	-19.7%	2,728	10.5%	2,624	-3.8%
酒店及餐飲	2,803	2,617	-6.6%	3,742	43.0%	3,513	-6.1%
醫療衛生	3,682	2,362	-35.9%	2,413	2.2%	2,983	23.6%
建築	1,426	1,515	6.2%	1,233	-18.6%	1,376	11.6%
電子及電機工程	1,157	1,302	12.5%	807	-38.0%	2,078	157.5%
法律	1,302	450	-65.4%	718	59.6%	449	-37.5%

資料來源：澳門特別行政區政府統計暨普查局（2021）。

現今員工不再是組織達成目標的工具而已，而是組織內最重要的資產。員工的生理、心理，更是對組織的績效具有重要的影響。對組織和政府而言，人才培育與積極的行動規劃與策略，兩者間缺一不可，甚至形成相輔相成的積極關係，對於疫情後預見的產業復甦，提供了一個強而有力的正向助益。

參、澳門五年中、長期人才培育評析 ——————————

　　為創造就業機會，提升本地居民職業技能，實現以工代賑，特區政府推出涵蓋建築範疇的「技能提升及就業培訓計畫」（帶津培訓），鞏固基礎設施的建設和投資。另外，本地失業人士可以參與由政府開辦的就業導向培訓課程，完成培訓後可獲發放 6,656 澳門元津貼，並將獲安排就業轉介對接工作；本地在職人士亦可在雇主推薦下，參與提升技能導向培訓課程，獲發 5,000 澳門元津貼。足見澳門政府於後疫情時代來臨，對於「人才培育」相當的重視，然現行澳門政府的五年中、長期人才培育方案與之前各產業的調研結果仍有些許措施值得討論。

　　1. 在〈澳門博彩產業未來人才需求調查研究報告〉（2021-2023）中提及，希望提升博彩產業基層員工的工作能力、關注未來 60 歲及以上員工對博彩產業帶來的影響、重視對博彩產業專業及技術類人才的培養及強化博彩業者在外語及管理信息系統方面的能力（澳門理工學院博彩旅遊教學及研究中心，2021）。澳門博彩產業是特區稅收的重要來源，從上述調查研究報告中已可得知，目前澳門博彩產業的困境與問題，然在「澳門五年中、長期人才培育行動方案」並未提及針對上述問題的解決具體行動方案或是配套措施為何？現在澳門已開始用機器荷官取代人力，原有的荷官該如何轉型並進行相關的培訓，是特區政府可重新思考的方向。

　　2. 酒店業是澳門地區第二大產業，在〈2018 年澳門酒店業未來人才需求調研簡報〉中指出，現行酒店業前十大緊缺崗位均相同，均為資訊科技部經理、餐廳主廚、保安部經理／保安部總主任、副董事長、總禮賓司，會計部經理、人力資源部經理、工程部經理／助理經理、助理保安部經理和公眾區域部經理。其中資訊科技部經理、餐廳主廚和保安部經理／保安部總主任三個崗位的需求情況在目前、未來三年及六年都位居前三（澳門科技大學可持續發展研究所，2018）。然在人才培育五年行動方案中，僅提及「希望促進相關機構或團體與人才發展委員會合作，發揮協同效應，能更好地整理及宣傳人才需求資訊，使社會大眾更全面地了解相關行業的需求及缺口」及「制定適當的職業規劃提供參考資訊。」（澳門科技大學可持續發展研究所，2018）對酒店業有些許助益，但分別針對資訊科技部經理、餐廳主廚

和保安部經理／保安部總主任等三種職位並未提出任何的培訓策略及相對應的措施，亦或經過此次疫情後，此三部門主管就可滿足酒店業的需求？或許澳門高校可先行了解酒店業資訊、餐飲需求，進而協助酒店業開設所需的資訊及餐飲專業課程，另高校可擔任平台，鼓勵大專畢業生選擇投入酒店業市場，協酒店業解決目前困境；針對如何訓練或延攬保全（安）高層次人才，企業亦可參酌他國作法，提出相對應的條件與措施，以吸引相關人才至澳就業。

3. 此次疫情讓澳門的零售業災情慘重，在澳門特別行政區政府統計暨普查局（2018）對零售業的調查結果指出，近年政府推行的利好政策及港、珠、澳大橋的開通等，對於澳門零售業的發展帶來了很好的驅動力與願景。但根據調查結果，零售業普遍反映人才需求得不到滿足、經營成本偏高、產業結構和銷售管道單一、未能滿足多元化發展的要求等問題。針對這些問題，受訪者表示，政府宜適當放寬人才聘用政策及給予零售業從業者適度的支援，包括鼓勵創業，提供更多更好專業技能培訓及有含金量的證書認證等。但該如何做？政府鼓勵創業，但何種產業是現行特區政府所希望做的？資訊是否透明、公開？又例如企業界反映要提供更好的技能培訓，哪一種技能是屬於更好的技能？外語？資訊？科技？當員工發展出新的技能後可否與現行的社會契合？是否有先期的研究可提供支持？針對此類應用型人力，特區政府是否應協助培養第二、第三專長，以因應風險社會的衝擊。

4. 會展產業也是澳門地區的重要產業之一，在澳門特別行政區政府統計暨普查局（2020b）的調查報告中指出，會展產業除學歷和工作經驗外，也有企業提出大多數的崗位對語言和電腦操作能力有要求，特定崗位對於專業軟件的熟練掌握有要求，也有部分崗位要求有專業認證。據此，人才發展委員會的報告中已包括專業考證的獎勵計畫，有鼓勵考取職業英語 TOEIC、CEM 和 EMD 會展經理，這些可作為會展產業發展指標，惟對於員工操作專業軟件的需求為何？專業要如何認證？在五年中、長期的行動方案中對於資訊能力的提升及訓練應有更清楚具體的說明。

雖然此次各產業的調研結果於新冠疫情爆發前均已完成，然疫情發生速度太快，對全球造成產業解構、民生消費退縮、經濟蕭條、人心惶惶，為了穩定民心，

有效促進經濟成長與復甦，對於各產業之現況及需求應需重新進行調查與研究，人才培育規劃亦需視調查研究結果予以滾動式修正，例如在促進澳門經濟適度多元發展方面，施政報告提出多項舉措，包括：推動工業發展重新定位、轉型創新，鼓勵企業利用橫琴粵澳深度合作區打造澳門品牌；加快發展現代金融業，建設債券市場、發展財富管理業務；促進中醫藥產業化，推動產品和服務拓展國際市場；會展業發展專業化和市場化；逐步培育跨境電商產業；促進文化及體育產業化；加強扶持中小企業等，特區政府均應加快腳步，協助各產業與社會精準對接，以因應後疫情時代的來臨。

肆、持續教育可作為人才培育的搖籃

　　繼續教育（continuing education）在成人教育辭典中，是指成人在離開正規學校教育之後所繼續參與的教育活動，並且能延續到個人的一生。繼續教育一詞起源於 1950 年代中期，由大學的「繼續學習中心」（Center for Continuing Study）而來，提供的是成人在離開正規學校所繼續追求的教育，或大學提供專業人員進修專業知能的教育活動，即指延續個人一生的學習活動（黃富順，1997）。隨著時代進步及變遷，各職業領域紛紛颳起繼續教育風潮，亦邁向「專業化」及「證照化」方向發展，各產業想當然爾，亦無法排除在這股洪流之外。繼續教育是成人的教育活動，是終身學習體系的重要組成部分，繼續教育實踐領域不斷發展，研究範疇也在不斷地擴大和深入，成人繼續教育的發展使得教育事業更為完善，構建終身教育體系已成為事實，亦使得學習型社會得以形成。面對此疫情衝擊，更突顯了繼續教育的重要性，如何協助企業轉型、強化員工專業能力及培養多項專長，繼續教育的實施或可成為較佳的手段或策略。

一、繼續教育的定義

　　在終身學習時代，若只單就在大學學習過程中習得的知識在職場工作，可能都已無法滿足高度競爭的職場工作所需，因而產生了職場上繼續學習與進修的需求。

由於繼續教育與一般學校所施行的教育不同，一般是用於成人學習者身上，是超越於傳統學院科系外，亦獨立脫離於大專、技職教育體制之外。Boundless（2015）指出通常而言，繼續教育內容不包含基本指令，如學習識字、語言技能等。相反地，繼續教育即是假定學生已於先前完成基本學校教育或已取得學院學歷資格後，所持續進行的額外學習行動。因此，雖然一般對於繼續教育之概念理解有諸多歧異，但大多數的說法皆是指向繼續教育即是「脫離學校教育外的成人學習」，並排除在基本指令及生活技能學習之外，是較進階之能力習得過程。

關於繼續教育一詞的界定，詹棟樑（2001）說明如下：

1. 英國開放大學委員會會員（The Open University Committee）採取比較廣泛的觀點，指出「繼續教育係指全時強迫教育停止後所進行的學習活動，可以是全時的，也可能是部分時間的；可能是職業的，也可能是非職業的學習活動。」

2. 聯合國教科文組織（United Nations Development Group, UNESCO）界定為「已完成兒童全時教育的人再從事的教育活動」。

3. 繼續教育一詞在美國是指「由公私立機構為任何年齡階層的人，所提供的初等、中等及高等教育的機會，其內容包括學術的、職業的、休閒的和個人發展的課程」。

詹棟樑（2001）又認為繼續教育與終身教育兩者內容有些不同，其內容如下：

1. 就時間而言：終身教育是指教育活動終生性，從出生到死亡的過程；而繼續教育是指全時教育後的教育活動，也就是說繼續教育只是終身教育的一段，且是重要的一部分。

2. 就對象而言：終身教育是指任何一個體；而繼續教育是指以離開教育者為主要對象。

3. 就結構而言：終身教育強調人生全程的教育活動安排；而繼續教育是未包括人生全程的規劃，是指有關教育型態的性質。

雖然繼續教育與終身教育稍有不同，但由於差異不大，所以仍是被視為是同義

詞（黃富順，1997）。總括來說，繼續教育一詞強調教育活動的「繼續性」，也就是指正規教育以外的學習活動。繼續教育所包含範疇較為廣泛，專業繼續教育為其中的一環，與專業繼續教育相似的詞，包括：終身教育、成人教育、在職訓練、在職進修、繼續教育、成人技職教育、教育訓練等等。由於組織培訓成人進行的目的，皆是為提高組織員工的的工作素質及能力，以促進組織發展為最終目標。然而專業工作者皆已是成年人，故在培訓課程中應注意成年人獨特的身心特點及學習特性，採用具有針對性的方法，實施適配之教學策略，才能達到事半功倍的效果。

　　自 1960 年代之後對於繼續教育的定義有些改變，將繼續教育進行較明確的說明，認為繼續教育是指提供重返正規學校教育系統的人們所實施的一種有計畫的教育活動，這些人包括美國所謂的非傳統學生（non-traditional students），以及有興趣主修成人教育（adult education）者，之後又逐步將定義縮小範圍，現今最常提的定義是指針對專業與職業為導向之進階訓練所提供的成人教育計畫（Rogers, 2002）。

二、繼續教育之源起

　　繼續教育的起源可追溯到約於 18 世紀末至 19 世紀初，當時歐洲普魯士國家主義高漲時期，人民自教會集權中解放，啟蒙的教育國家主義在該脈絡下產生。因此「國民教育運動」之理念在當時成為新興政治教育活動，各種教化國民的工作也紛紛從國民學校延伸至學校之外，此即繼續教育之由來（Blankertz, 1982）。在 19 世紀上半，伴隨著歐洲工業革命的浪潮，社會上追求教育提升及改善社會經濟地位的呼聲日益高漲，因此德國普魯士境內開始有許多大城市，紛紛成立了教育協會，這些組織成立的目的在促進勞工階級的繼續教育，以保障並提升其經濟地位（陳惠邦，1996）。到了近代，這些教育協會先驅後續大多發展成為公會或是其專屬的教育訓練機構，主要專責繼續教育的規劃及辦理，部分則成為職業學校。而後在 20 世紀時期，繼續教育的風潮開始引領並帶至他處。例如美國的繼續教育之發展大約於 80 年前開始，若談及正式出現於公眾組織的歷史可溯源 1950 年代中期，由美國各大學的「繼續學習中心」組織（Centre for Continuing Education, CCE）而來，提

供成人在離開正規學校後所持續追求的教育，或是提供給專業人員進行專業知能之教育研習活動。換句話說，繼續學習中心的理念是延續個人一生的學習活動（盧宛伶，2010）。可見早在數百年前隨著自由主義高漲，追求自我發展及持續教育的呼聲便如雨後春筍般逐漸冒出，繼續教育之全球發展象徵著人權解放、迎向知識經濟開展之世代到來。

三、繼續教育的理論基礎

繼續教育為終身教育的一環，而終身教育與終身學習的關係密不可分，因此，在本研究中，將援以終身學習的理論作為繼續教育理論論述。王政彥（2002）指出終身學習是一個綜合應用的學科，屬於社會科學的領域，也因此所涵蓋的學科與理論基礎較為多元與複雜，理論發展也較為遲緩，至今仍未有廣泛被認同的系統化知識體系，充其量來說，終身學習的理論在目前只能歸納出一些理念、觀點、倡導、論述，以作為建構理論之基石。王政彥（2002）亦曾從終身學習的主體（對象）、目的、方法、內容及組織等五方面，討論如何援用、統整及發展自其他的理論，以形塑終身學習的理論基礎。

（一）終身學習的主體

人類學習的歷程不只是「從搖籃到墳墓」，而必須再往前推到從媽媽的肚子裡開始，所謂的「從子宮到墳墓」。人的一生從生命的起點到終點，都可以是一個學習的歷程，學習的可能貫穿人的生命歷史，此現象為終身學習提供了一個心理學的理論基礎。就成人的心理發展與學習的研究，有助於對終身學習歷程後期的了解，但 Courtvenay（1994）歸納相關文獻，對成人心理發展模式提出三項批評：（1）研究是無效的或只是顯示幾種可能的發展觀點；（2）對成人發展的模糊假定，不僅導致成人發展模式的可疑，同時也反映了倫理上的爭議，影響著學習經驗的不同層面；（3）各種成人發展模式僅提供了最高發展階段及狀態的模糊描述。也因此，對於成人此一主體本身的複雜性，如果單從心理學的角度予以剖析，恐怕不夠嚴謹，因此，另一位學者 Tennant（1993）即主張個人的發展同時是社會及心理的現象，必須分辨其生活經驗是轉換的或是解放不同生命階段中的社會期望。對於生

活經驗豐富的成人來說，應同時加入社會學的探討，對於成人發展才能有更為完善的陳述。也因此較為相關密切的發展心理學及認知心理學，就成為比較重要的終身學習心理學的基礎。

（二）終身學習的目的

　　有關終身學習目的的討論係以哲學為基礎，例如杜威所提及的「教育即生活」的看法，將生活環境當作學習環境，將經驗的內化累積作為學習的成效，將生活過程設為教學歷程，此觀點在本質與內涵上，其實就是對終身學習歷程與內容方面的看法。終身學習的目的是極個人化的，是以學習者為主體，根據學習者的需求，來決定其學習的目的。而這種個人本位與自主性，正是正規學校教育或強迫教育最大的差別所在。終身學習在群體的目的上，是建立一個學習社會。學習社會是一個人人有終身學習資源、參與及機會的社會，是一個開放且公平的社會環境，強調學習社會是支援個人學習的社會，從個人出發而達到整體都獲得學習與實踐的機會。

（三）終身學習的方法

　　終身學習的方法可概分為傳統與彈性的方法。其中，彈性的學習方法以學習者為中心，強調自學習，學習的情境多樣化，師生同儕關係較不明顯，上述特性正符合成人的學習模式。以終身學習所涵蓋的三大系統：正規、非正規與非正式的學習類型而言，前兩者傾向以傳統方法學習，第三者則主要是應用彈性的學習方法。彈性的學習方法涉及了與自我相關的理念，如自我導向學習、經驗學習、隔空學習等非傳統學習的理論。就終身學習而言，雖然是以成人學習者為主要的論述對象，但對於結束學校，以迄生命結束的這一段學習歷程，個體學習的方法及探索，卻也有了啟發與意義，亦提供了有益的理論素材。

（四）終身學習的內容

　　終身學習的內容具有多樣化，就歷程來看，其貫穿生命的整個歷程；就內容來看，大致為三大類：（1）基礎的學習內容：旨在為學習者提供基礎基本的認識及了解，奠定後續學習的基礎；（2）進階的學習內容：旨在為學習者提供較為精

緻、高層次與深入的學習內容；（3）應用的學習內容：旨在為提供學習者實際上所需，可隨學隨用的學習內容，亦符合繼續教育的精神。

（五）終身學習的組織

終身學習的組織是從制度面及機構面的角度作探討。從制度面來看，終身學習的組織包括了正規、非正規與非正式的學習等系統，涵蓋了傳統正規學校制度及制度外的自我學習系統。就機構面來看，其組織包含了各級公私立學校、公私立社會教育機構、民間的營利與非營利團體、政府相關機構部門等潛在的終身學習提供者。這些組織的行政管理與營運，涉及了制度、行政、預算與管理等業務與工作的項目。

組織的運作攸關行政的成敗，理想的組織運作不僅只有計畫、執行與考核等行政三聯制，相關的領導、決策、溝通與協調也是重要的工作項目。良好的組織管理，各組織間的相互連結、資源共享，對於終身學習的成敗，更具有直接的影響。

從上述理論的探討，終身學習為繼續教育提供相關理論基石，繼續教育作為因應市場變遷的一種手段，是以民眾需求為基礎、以實際應用為導向的教育方式、以職場實用技能為依歸、以科際整合為方法，其目標在於幫助個人成長、解決個人問題、實踐終身學習以增進職場技能，進而達成社會改造與重建。近年來由於繼續教育受到學習社會的衝擊與外界環境快速變遷的影響，使其不論在教育形式、教育方式、教育服務及教育理念等方面，都必須隨著時代的進步而不斷變革。

資料蒐集與研究設計

　　本研究旨在探討風險社會於新冠肺炎衝擊後人力資源再運用之作法。為達研究目的，本計畫採用問卷調查、深度訪談（in-depth interview）和階層分析問卷（analytic hierarchy process, AHP）為主要研究方法，研究方法架構如圖 1-4，說明於後。

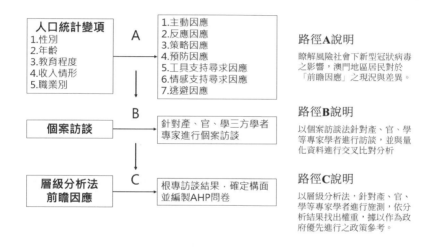

圖 1-4　研究架構圖

第一節　問卷調查

　　本研究採用問卷調查首要目的，係希望瞭解澳門重要產業對於風險的前瞻因應態度，以期作為後續深度訪談及 AHP 問卷之實施參考。

壹、研究對象

　　為瞭解產業對於風險之因應，本研究主要以澳門重要產業為分類，依據產業特

質挑選具有代表性，且有意願接受問卷調查的企業，產業類別包含博彩中介業、酒店業、批發零售、服務相關、社會服務、教育等相關產業，採立意取樣方式，希望瞭解員工對於風險與前瞻因應的態度。

表 1-5　抽樣人數一覽表

職業別	比例（%）	人數
博彩及博彩中介	22	115
酒店及飲食業	15.5	77
批發及零售業	11.7	59
不動產及工商服務業	10	50
建築業	8.9	44
家務工作	8.8	44
公共行政及社保	8.2	40
運輸、倉儲及通訊	6.1	30
教育	5.5	28
醫療及社福	3.3	15
合計	100	502

資料來源：研究整理。

貳、研究工具

　　本研究使用 PCI 量表（The Proactive Coping Inventory）進行施測。PCI 量表由 Greenglass 等人（1999）提出，量表由 7 項構面和總共 55 項問題組成，採用多維方法進行對應。PCI 具有以下三個主要特徵：（1）將計畫和預防策略與主動因應目標實現相結合；（2）將主動目標達成與社會資源的識別和利用相結合，（3）將主動情緒應對用於自我調節目標的實現。生成了大量測試項目並將其管理給加拿大和波蘭─加拿大受訪者的樣本。該量表已具有良好的信度和效度，量表構面組成中，可以分為主動因應（the proactive coping scale），合計 14 題；反應因應（reflective coping scale），合計 11 題；策略因應（strategic planning scale），合計 4 題；預防因應（reventive coping scale）合計 10 題；工具支持尋求因應

（instrumental support seeking scale）合計 8 題；情感支持尋求因應（emotional support seeking scale）合計 5 題；逃避因應（avoidance coping scale），合計 3 題。

參、分析工具

本研究使用 SPSS 統計套裝軟體進行分析，運用分析技術包含描述性統計、項目分析、因素分析及多變項變異數分析。以瞭解不同變項中的差異。以下依序說明項目分析、因素分析及信度檢定。

一、項目分析

項目分析的主要目的在於剔除品質不佳的題目，保持品質良好的題目。本研究項目分析評判指標係根據吳明隆與涂金堂（2016）所提出之論點，題目與總分相關係數應介於.2-.8 間、刪除後題目與總分之積差相關係數應高於.3、高低分組 t 考驗須達顯著差異水準。

表 1-6　前瞻因應（PCI）量表項目分析摘要

構面	預試題號	題目與總分相關	刪除後題目與總分相關	CR 值	Cronbach α 係數	保留或刪題
1.THE PROACTIVE COPING SCALE（主動因應）	a01	.57***	.55	7.72***	.95	○
	a02	-.06	-.10	-.43	.95	X
	a03	.67***	.65	9.05***	.95	○
	a04	.62***	.60	7.91***	.95	○
	a05	.71***	.68	10.38***	.95	○
	a06	.66***	.64	9.63***	.95	○
	a07	.63***	.61	8.22***	.95	○
	a08	.58***	.56	6.99***	.95	○
	a09	.02	-.02	.90	.95	X
	a10	.39***	.36	4.03***	.95	○
	a11	.67***	.65	8.40***	.95	○
	a12	.61***	.59	8.19***	.95	○
	a13	.61***	.59	6.69***	.95	○
	a14	-.11	-.15	-.91	.95	X

構面	預試題號	題目與總分相關	刪除後題目與總分相關	CR 值	Cronbach α 係數	保留或刪題
2. REFLECTIVE COPING SCALE（反應因應）	a15	.49***	.47	4.56***	.95	○
	a16	.52***	.50	5.32***	.95	○
	a17	.60***	.59	5.23***	.95	○
	a18	.67***	.65	9.74***	.95	○
	a19	.67***	.65	11.09***	.95	○
	a20	.62***	.59	7.15***	.95	○
	a21	.55***	.53	5.77***	.95	○
	a22	.48***	.45	4.70***	.95	○
	a23	.57***	.55	7.46***	.95	○
	a24	.51***	.48	6.22***	.95	○
	a25	.55***	.52	6.05***	.95	○
3. STRATEGIC PLANNING SCALE（策略因應）	a26	.55***	.53	6.66***	.95	○
	a27	.47***	.44	4.97***	.95	○
	a28	.69***	.67	9.36***	.95	○
	a29	.61***	.58	8.36***	.95	○
4. REVENTIVE COPING SCALE（預防因應）	a30	.62***	.60	8.19***	.95	○
	a31	.47***	.44	5.39***	.95	○
	a32	.66***	.64	7.53***	.95	○
	a33	.65***	.63	9.11***	.95	○
	a34	.62***	.60	8.80***	.95	○
	a35	.54***	.52	8.09***	.95	○
	a36	.58***	.55	9.32***	.95	○
	a37	.65***	.63	8.13***	.95	○
	a38	.68***	.66	8.13***	.95	○
	a39	.49***	.46	5.79***	.95	○
5. INSTRUMENTAL SUPPORT SEEKING SCALE（工具支持尋求因應）	a40	.40***	.37	4.07***	.95	○
	a41	.48***	.46	5.33***	.95	○
	a42	.48***	.46	5.00***	.95	○
	a43	.50***	.47	5.38***	.95	○
	a44	.37***	.34	4.36***	.95	○
	a45	.51***	.48	6.04***	.95	○
	a46	.46***	.43	5.75***	.95	○
	a47	.50***	.48	6.29***	.95	○

構面	預試題號	題目與總分相關	刪除後題目與總分相關	CR 值	Cronbach α 係數	保留或刪題
6. EMOTIONAL SUPPORT SEEKING SCALE （情感支持尋求因應）	a48	.56***	.53	8.00***	.95	O
	a49	.58***	.56	7.89***	.95	O
	a50	.60***	.57	8.97***	.95	O
	a51	.62***	.59	9.51***	.95	O
	a52	.57***	.55	6.95***	.95	O
7. AVOIDANCE COPING SCALE （逃避因應）	a53	.39***	.36	3.60**	.95	O
	a54	.34***	.31	3.56**	.95	O
	a55	.25**	.21	3.27**	.95	X

**$p<.01$, ***$p<.001$。

　　前瞻因應（PCI）量表經項目分析後，第 a2、a9、a14 於極端值檢驗未達顯著，第 55 題修正題目後與總分相關係數未達.3，以上 4 題均未達項目分析之指標，故予以刪除。

二、因素分析及信度檢定

　　經項目分析後，本量表接續進行信、效度檢定。本研究之建構效度以主成份分析法之最大變異數法實施分析。根據吳明隆與涂金堂（2016）的建議，進行因素分析前，應進行 KMO 及 Bartlett 球形檢定，當 KMO 值越接近於 1，Bartlett 球形檢定 $p<.05$ 時，即適合進行因素分析。另針對因素負荷量最低標準的建議，有以下三個原則：（1）當某道題目的所有因素負荷量高於.40，而其他因素負荷量皆低於.40 時，則該題項則歸屬於該因素；（2）當某道題目的所有因素負荷量皆低於.40，表示沒有任何一個因素與該題有密初相關，為避免降低構念效度，則應刪除該題項；（3）當某道題目的所有因素負荷量，有兩個因素負荷量高於.40，易降低量表區辨效度，亦應刪除題項。本量表經統計分析結果顯示，KMO 值為.89，Bartlett 球形檢定其顯著性為.000，表示本量表適合進行因素分析。其中第 a1、a13、a20、a22、a29、a30、a31、a44、a46 因素負荷量未達.40；a3、a4、a7、a12、a19、a21、a24、a25、a32、a33、a34、a39 等題項為跨因素，故予以刪題。經因素分析後，前瞻因應量表維持 7 構面，其累積解釋變異量為 64.113，量表總信度為.93，如表 1-7。

表 1-7 前瞻因應量表因素分析及信度摘要

因素命名	題目	因素 1	因素 2	因素 3	因素 4	因素 5	因素 6	因素 7
情感尋求因應	a50	**.76**	.06	.18	.10	.13	.19	.12
	a48	**.74**	.14	.20	.18	-.01	-.04	.08
	a49	**.72**	.10	.19	.03	.08	.33	.08
	a51	**.71**	.15	.23	.00	.28	.03	.10
	a52	**.70**	.15	.08	.17	.25	-.06	.10
工具尋求因應	a42	.01	**.79**	.13	.17	.08	.09	.24
	a40	-.03	**.76**	.14	.13	.04	.04	.09
	a43	.10	**.72**	.09	.16	.21	.08	.07
	a41	.27	**.69**	-.02	.03	.32	.06	.02
	a47	.39	**.64**	.06	.07	.01	.22	.03
	a45	.30	**.54**	.20	.27	-.23	.27	.05
預防因應	a36	.22	.13	**.81**	.05	.03	.04	-.02
	a37	.19	.16	**.75**	.15	.23	.04	-.06
	a38	.16	.23	**.65**	.23	.33	.06	.00
	a18	.10	.08	**.56**	.31	.09	.19	.45
	a35	.19	.01	**.55**	.06	.34	.09	.12
	a17	.18	-.04	**.49**	.25	.09	.28	.49
策略因應	a16	.03	.10	.08	**.69**	.15	.23	.18
	a26	.07	.31	.18	**.61**	.09	.03	.07
	a27	.38	.11	.05	**.60**	.20	-.09	-.19
	a28	.31	.02	.38	**.54**	.29	.14	.01
	a23	.11	.27	.27	**.48**	-.01	.19	.29
主動因應	a8	.15	.08	.24	.13	**.74**	.07	.15
	a5	.22	.21	.25	.22	**.72**	.17	.03
	a6	.19	.15	.21	.18	**.71**	.09	.13
反應因應	a10	.10	.34	.04	.07	.01	**.71**	.01
	a11	.25	.04	.26	.21	.35	**.67**	.18
	a15	-.01	.17	.10	.46	.21	**.51**	.01
逃避因應	a54	.06	.36	.03	-.14	.09	.12	**.70**
	a53	.25	.09	-.05	.21	.18	-.11	**.63**
特徵值		3.64	6.63	3.26	2.61	2.59	1.81	1.70
解釋變異量		12.14%	12.01%	10.86%	8.69%	8.64%	6.02%	5.66%
總解釋變異量		64.11%						
分量表信度		.82	.68	.84	.75	.82	.68	.47
總量表信度		.93						

資料來源：研究整理。

肆、研究實施

本研究在問卷調查部分，研究實施要項包含問卷編制與寄發、問卷回收與催覆，以及問卷整理與分析。依序說明如後。

一、問卷編制與寄發

本研究確認研究主題及方向，並蒐集與風險、前瞻因應及人才培育等主題之相關文獻。依據研究目的及文獻，決定問卷形式。本研究採用 PCI 量表，主要是該問卷之信效度已有文獻支持，且符合研究目的的需要。後續，本研究印製問卷，編制為電子檔形式，以網路寄發給各單位，由各單位協助發放。

二、問卷回收與催覆

問卷寄發後，請填答單位協助宣導填卷事宜，以增進問卷回收率及速度。

三、問卷整理與分析

本研究合計發出 350 份問卷，經過一個月的郵件往返，於 2010 年底回收問卷 350 份。本研究隨即整理回收問卷原始資料，剔除填答不全之問卷後，進行電腦資料建檔，運用 SPSS 軟體進行分析，並依據分析結果作為結果分析與討論，以及第五章結語之依據。

表 1-8　問卷實施期程表

工作項目	9 月	10 月	11 月	12 月
檢視文獻資料				
編制問卷				
聯絡調查單位				
問卷回收與催覆				
問卷整理與分析				

資料來源：研究整理。

◆ 第二節 深度訪談

深度訪談是資料蒐集的方法之一，主要目的係藉訪談者與受訪者的交談，探究受訪者真正的想法，抽絲剝繭深入理解問題與成因。本研究採用深度訪談作為研究方法，目的係希望理解產業代表對前瞻因應風險及人才培育之看法，以及當前遭遇的問題或挑戰，掌握現況並作為策略施行之參考基礎，以及策略施行後之意見和建議回饋，作為後續 AHP 階層分析的基礎。

壹、研究對象

本研究主要採取立意抽樣（purposively sampling）和滾雪球取樣（snowball sampling）挑選訪談對象。在質性取向研究中，深度訪談對象之挑選主要為研究者主觀判斷，標準在於對象在研究中的代表性（W. Lawrence Neuman著，朱柔若譯，2000）。立意抽樣各別成員雖無法反映母群體，也並非如方便取樣（convenience sampling）可輕易獲取受訪者，但研究對象因其特質不同，可提供給研究者多樣深度的資料（Suen, Huang, & Lee, 2014）。本研究以政府部門、教育單位及重要產業為分類挑選重要代表人，以期透過深度訪談理解澳門當前受僱人員面對風險的態度，所面臨的問題或挑戰，以及未來可採取的人才培育策略。訪談對象如表 1-9。

表 1-9　訪談對象一覽表

序號	編碼	受訪者代表性	訪問人	記錄人	訪談時間
1	G1	政府培訓單位主管	梁文慧	張天嘉	2020.02.15
2	G2	政府立法代表	梁文慧	張天嘉	2020.12.16
3	G3	政府培訓單位代表	梁位	張天嘉	2020.12.14
4	E1	學校校長／產業工會理事	梁位	張婉琪	2020.12.15
5	E2	教育產業代表	高俊輝	魏文斯	2021.02.01
6	E3	公立大學教授	高俊輝	張天嘉	2020.12.14
7	I1	博弈產業代表	高俊輝	張天嘉	2020.12.17
8	I2	旅遊產業代表	高俊輝	張天嘉	2020.12.15
9	I3	旅遊與培訓產業代表	高俊輝	張婉琪	2020.12.17

資料來源：研究整理。

貳、研究工具

　　本研究採取半結構式訪談（semi-structured interview）目的係理解政府、教育及產業對於風險因應的態度，檢視問題與人才培育之影響要素，抽絲剝繭深入探討問題及其成因，並與文獻產生對話，探詢可能的缺口（gap）（Snape & Spencer, 2003）。本研究依研究目的和文獻評述結果，從澳門面對疫情風險出發，探討受僱人員面對風險的態度，以及未來可能的人才培育策略，並以之作為訪談基礎。為有效引導訪談進行，本研究依據研究問題與目的設計訪談提綱（interview guide），避免訪談議題過於發散，訪談架構摘列如下。

一、訪談主軸

　　1. 對疫情的認知：本題項合計有 2 題，主要目的在於了解受訪者對於疫情之認知，作為後續訪談的準備，以及在分析上用於脈絡上的解釋。

　　2. 對培訓的看法：本題項合計有 7 題，係依據問卷調查分析結果，以低於平均數之構面設計而來，主要目的在於了解受訪者對於因應疫情之員工培訓現況的看法，用於問卷調查結果的解釋；更進一步，由受訪者提出可行的培訓機制看法。

　　3. 開放性的建議：本題項合計有 3 題，主要目的係希望受訪者針對現階段政府或企業因應疫情之人才培育之提出具體建議。

二、訪談問題

　　本研究依據訪談主軸，設定訪談範圍，並列舉出訪談題項，希望受訪者可以根據訪談題項討論當前澳門的情況。訪談題項如下表。

表 1-10　訪談題項一覽表

訪談主軸	訪談範圍	訪談題項
對疫情的認知	個人主觀感受 政府或企業因應疫情的措施	您對疫情衝擊的認知或感受為何？ 您對政府或企業因應疫情措施的經驗為何？

訪談主軸	訪談範圍	訪談題項
對培訓的看法	員工培訓問題或挑戰 因應疫情的員工培訓機制	您對員工解決問題能力的看法為何？ 您對員工適應工作變動的看法為何？ 您對員工計畫與執行能力的看法為何？ 您對員工預防危機與規劃的能力的看法為何？ 您對員工合作網絡機制的看法為何？ 您對員工求助管道的看法為何？ 您對員工面對風險的能力的看法為何？
開放性的建議	政府協助企業因應疫情的可行作法 其他因應疫情的具體建議	政府如何協助企業建立更完善的或更多元的支持系統？ 政府如何協助企業建立風險因應能力之人力資本？ 面對疫情風險，您對政府或企業有何建議？

資料來源：研究整理。

參、分析工具

　　本研究採用 MAXQDA 10 軟體分析訪談所蒐集資料。MAXQDA 軟體為一混合分析工具，兼具質與量的功能，尤其是針對文本、媒體或其他開放性資料。基本功能包含資料管理、編碼系統與統計與概念分析等重要功能（張奕華、許正妹，2010），而核心目標則在於運用三角檢視（triangulation）方法，比較與分析個別資料、理論和方法（Kuckartz, 2010）。在應用上，研究者可將質性文本直接輸入軟體，並運用編碼管理和文件管理功能，運用編碼功能賦予文本內容明確意義，並透過比較和數量統計察覺概念之間關係，可供從不同視角檢視相同文本，或從單一視角檢視不同文本。

　　首先，本研究將錄音檔轉錄為逐字稿。為達匿名效果，本研究先給予個別文本代碼，由於 MAXQDA 保護文本編輯，故需先行檢視逐字稿內容完整性，針對專有名詞、翻譯、疏漏、別字或無法辨認內容，給予特殊標記，避免分析時誤用或產生誤會。其次，將資料轉檔為豐富文本，並輸入 MAXQDA 軟體，以文獻討論內容進行文本段落編碼，賦予文本初步概念。再次，依據不同背景與問題定義變項，運用

MAXQDA 的 Code Matrix Browser 觀察編碼之概念分布與集合狀態，並透過 Code Relations Browser 分析編碼與文本概念，進行資料分析，並參照訪談紀錄檢視整體內容。

　　為確保資料分析的信效度，本研究重視編碼的準確性和穩定度。在信度方面，本研究除在訪談前以電話方式告知研究目的與訪談問題，確認受訪者理解與掌握問題，並回寄逐字稿給受訪者，確認內容無誤等必要程序之外，另商請外部審查者（external auditor），協助審視研究主題與文本內容之相關性，以及編碼的適切性（Creswell, 2014）。外部審查者為助理教授，研究領域為非營利組織與管理、社會福利企業經營。在效度方面，本研究依據文獻設計編碼文本（codebook），給與編碼明確的定義和範圍；其次本研究編碼完成後，與外部審查者共同檢視解讀與分析的適切性，針對未獲共識內容，以 MAXQDA 內容與範圍，不納入分析之用。

表 1-11　訪談編碼一覽表

主軸編碼	子編碼	概念範圍	出處
受僱員工	問題解決能力	PCI 量表	PCI 量表
	適應能力	PCI 量表	PCI 量表
	求助管道	PCI 量表	PCI 量表
	合作網絡	PCI 量表	PCI 量表
	培訓挑戰	企業培訓的問題或挑戰	開放編碼
	疫情影響	疫情對企業的影響	開放編碼
	無薪假	企業無薪假期的影響	開放編碼
	風險管理能力	PCI 量表	PCI 量表
	執行能力	PCI 量表	PCI 量表
	危機管理能力	PCI 量表	PCI 量表
	員工培訓	企業員工培訓的情況	開放編碼
	培訓種子師資	企業培訓員工的作法或策略	開放編碼
	管理階層培訓	企業培訓員工的作法或策略	開放編碼
疫情的衝擊	中小企業的問題	疫情對中小微企業的影響	開放編碼
	民眾的問題	疫情對民眾影響的經驗	開放編碼
	疫情影響─經濟	疫情對整體經濟產業或企業發展的影響	開放編碼
	疫情影響─就業	疫情對整體民眾就業的影響	開放編碼
	疫情影響─教育	疫情對民眾接受教育或參與培訓的影響	開放編碼
	疫情影響─其他	其他影響因素	開放編碼

主軸編碼	子編碼	概念範圍	出處
政府措施	政府培訓	政府培訓的現況	開放編碼
	政府培訓挑戰	政府培訓的問題或挑戰	開放編碼
	疫情專業培訓	政府因應疫情的培訓作法或經驗	開放編碼
	政府跨部門整合	政府再因應疫情人才培育的整合性作法或經驗	開放編碼
	政府跨部門整合＼政府因應—溝通協調	政府再因應疫情人才培育的協調企業作法或經驗	開放編碼
	產業問題與挑戰	面對疫情產業的問題或挑戰	開放編碼
	政府支持—就業	政府因應疫情的就業作為	開放編碼
	政府支持—就業＼外勞	外籍勞工的影響與經建	開放編碼
	政府措施＼政府支持—經濟	政府因應疫情的經濟作為	開放編碼
	政府支持—經濟＼政府支持—創業	政府因應疫情的創業輔導或相關經驗	開放編碼
	政府措施＼政府支持—經濟＼刺激消費	政府因應疫情的消費作為或經驗	開放編碼

資料來源：研究整理。

肆、研究實施

本研究進行半結構式訪談分成三項階段：

1. 訪談前準備：本研究檢視文獻，發現在面對風險方面，人員的態度鑲嵌於產業環境，而前瞻因應觀點有助於作為人才培訓之策略使用，以此設計訪談提綱，並擬定訪談方向與問題，提出訪談名單，開始與各單位聯繫，確認是否有意願接受訪談與可行的日期；

2. 訪談過程中，每次訪談前本研究依據研究倫理，會再次和受訪者說明訪談目的與問題，以及資料的用途，並詢問是否接受全程錄音，每次訪談約一小時左右，視議題與受訪者的時間而定；

3. 訪談結束後，本研究備份錄音檔，並將之轉錄為逐字稿供後續分析。

本研究採取外部方式審核訪談內容逐字稿，確認是否需增刪或調整處，以確保所蒐集資料品質。

表 1-12 深度訪談實施期程表

工作項目	11 月	12 月	1 月	2 月
訪談大綱設計				
確認訪談意願				
進行訪談				
訪談資料編碼				
訪談資料分析				

資料來源：研究整理。

◆ 第三節　**AHP 問卷**

本研究擬採用 AHP 方法，以利探討前瞻因應培育策略，為政策或產業提出可運用織參考架構。AHP 分析係由 Thomas L. Saaty 於 1971 年所提出的方法，是能區分層次化與系統性的分析方法。AHP 分析是一種多元目標的決策分析方法，主要應用於評估多種不確定因素準則的問題上，優點在於可供處理複雜的決策與規劃問題，應用範圍遍及資源管理、政策決策或風險分析等（Saaty, 1990）。AHP 分析法可進一步用於分析深度訪談結果，找出影響因素或策略之間重要程度，以利人才培育策略之建構。本研究擬建立在 1-9 尺度階層分析問卷，讓受訪者填答每一成對要素比較的尺度，以分析各指標重要程度與優先順序。本計畫依據階層分析問卷所得結果，建立成對比較矩陣，並應用 AHP 分析軟體，檢視各矩陣特徵值與特徵向量，以及一致性。

壹、研究對象

為有利風險社會下前瞻因應人才培育策略之探討，本研究所採用 AHP 分析之

研究對象主要分類為政府部門、教育部門及產業部門之具代表性且有意願參與調查之對象，合計有 30 位研究對象。研究對象及其代表性列表如後。

表 1-13　AHP 問卷施測對象一覽表

部門	單位	職稱
政府部門	澳門人才委員會委員	委員
	澳門民選立法會	議員
	澳門金管局研究和規劃部	主管
	澳門 Baoao 講壇	主管代表
	澳門私營航空公司	主管代表
	澳門教青局非高等教育委員會	委員代表
	政府土地工務運輸局	主管
	澳門醫務委員會委員	委員
	地球物理地球物理暨氣象局	主管
教育部門	澳科大博雅學院	院長
	澳科大商學院會計系	系主任
	澳科大可持續發展研究所	所長
	澳科大酒商與旅游學院	院長
	澳科大社會經濟研究所	所長
	澳門大學教育學院助理	院長
	澳門高校	講師
	澳門城市大學	協理副校長
	澳門成人教育學會	秘書長
	澳門理工學院工商管理學校	校長
產業部門	金融產業	產業代表
	澳博人力資源	副總裁
	MGM 人力資源	副總裁
	大灣區人力資源協會	會長
	澳門博彩業協會	理事長
	澳門會展業	理事代表
	澳門青創協會	會長
	澳門導游協會	會長
	澳門房地產聯合商會	理事代表
	澳門地產發展商會	理事代表
	澳門力行地產	經理

資料來源：研究整理。

貳、研究工具

本研究使用自編之 AHP 問卷作為研究工具。問卷之中，針對每個準則屬性設計，以兩兩相比的方式，在 1-9 尺度下讓決策者或各領域的代表填寫，根據問卷調查所得到的結果，將可建立各層級之成對比較矩陣。依 Saaty 建議成對比較是以 9 個評比尺度來表示，評比尺度劃分成非常重要、相當重要、重要、稍微重要、相等，其餘之評比尺度則介於這 5 個尺度之間。尺度的選取可視實際情形而定，但以不超過 9 個尺度為原則，否則將造成判斷者之負擔。

本研究就訪談內容與文獻萃取前瞻因應的人才培育策略，設計 AHP 問卷。AHP 問卷之架構應限縮在 7 項構面以內，並避免超過 3 階層。依據深度訪談結果，可萃取出四項重要構面，依序是企業主管與員工的培訓，各 6 題，面對疫情的可行策略，合計 4 題，以及未來產業發展策略，合計 4 題，合計題目有 24 題，本研究所設計之 AHP 問卷符合問卷設計原則，架構如下表。

表 1-14　AHP 問卷填答說明

評比	意義
1 分	兩者重要程度相等
2 分	重要程度介於相等與稍微重要之間
3 分	稍微重要
4 分	重要程度介於稍微重要與重要之間
5 分	重要
6 分	重要程度介於重要與相當重要之間
7 分	相當重要
8 分	重要程度介於相當重要與非常重要之間
9 分	非常重要

表 1-15　AHP 問卷題項

構面	策略	說明
企業主管培訓	風險管理	對於風險的預測、因應及處理等管理能力
	疫情管控	針對疫情的因應措施與技術的管理能力
	多元技能	面對職位與產業環境變遷應具備跨領域的多元能力
	生涯規劃	對於企業或產業環境變遷，員工生涯規劃的管理能力
	技能升級	提升現有技能以因應風險或產業變遷，例如科技使用
	適應能力	適應企業或產業環境變遷的身心能力
企業員工培訓	風險管理	個人對於因應及處理等管理能力
	疫情管控	針對疫情的因應措施與技術的執行能力
	多元技能	面對職位與產業環境變遷應具備跨領域的多元能力
	生涯規劃	對於企業或產業環境變遷，自我規劃的能力
	技能升級	精進現有技能以因應風險或產業變遷，例如科技使用
	適應能力	適應社會或產業環境變遷的身心能力
疫情紓困	短期補貼	政府針對疫情所提供給企業或員工的短期津貼或補助
	稅賦減免	因應疫情或後疫情時代提供稅賦優惠，以利產業發展
	職業媒合	廣泛提供職業媒合管道與輔導
	求助管道	企業或政府提供員工或民眾求助途徑，以納入服務對象
產業發展	培育科技化	現行培育系統的科技化升級，例如遠端視訊等
	中小微企業增能	針對中小微型企業提供主管或員工增能管道
	跨區交流	輔導澳門企業與鄰近地區人才互動，建立人力資本
	跨部門合作	輔導澳門企業與鄰近地區產業互動，促進產業競爭力與發展性

資料來源：研究整理。

參、分析工具

　　本研究依據階層分析問卷所得結果，建立成對比較矩陣，並應用 AHP 分析軟體，檢視各矩陣特徵值與特徵向量，以及一致性。本研究應用 AHP 處理研究採取以下五個步驟（Saaty, 1980）。本篇所採步驟如下：首先，界定研究問題，主要是人員培訓、因應措施及產業發展策略。第二，建立層級結構透過文獻分析將各評估要素，依各要素之相互關係與獨立性程度劃分層級，分析在人員培訓、因應措施及產業發展之偏好策略。第三，層級結構建立以後，設計 AHP 問卷，問卷設計為因應風險策略之成對比較項目，進行兩要素之重要性或影響力成對比較。受訪對象為

教育、政府及重要產業之代表。第四，建立成對比較矩陣，計算各特徵值與特徵向量並求取一致性指標，再應用計算機求取各選擇偏好的成對比較矩陣的特徵值與特徵向量，同時檢定矩陣的一致性。第五，檢視層級一致性，如層級結構的一致性程度不符合要求，顯示策略偏好層級的要素關聯有問題，必須重新進行要素及其關聯的分析。若整個層級結構通過一致性檢定，則可得知每一層級項目中之選擇偏好的權重，可作為政策與產業因應分險策略之參考。

表 1-16　AHP 問卷施測期程一覽表

工作項目	1 月	2 月	3 月	4 月
AHP 問卷設計				
確認調查意願				
進行調查				
訪談資料編碼				
訪談資料分析				

資料來源：研究整理。

 資料分析與討論

第四部分，本研究就問卷調查、深度訪談及 AHP 問卷分析之結果依序分析與討論。

◆ 第一節　前瞻因應問卷分析結果

本研究依序說明現況分析、不同背景項在前瞻因應各層面之差異分析及不同職業類別者在前瞻因應各層面之差異分析。

壹、現況分析

本研究使用 PCI 量表，合計收到 350 份問卷。在各項構面中，「預防因應」係指評估個人在處理預期的潛在壓力和這些壓力發生前所做的事前準備工作，平均數為 3.06，排序第 1；「情感尋求因應」平均數為 3.00，排序第 2。「反應因應」主要是評估個人面臨問題時的反思，藉由人們的想像力以模擬和思考各種可能的行為選擇，包含集體腦力激盪、分析問題和資源，並產生假設性的行動計畫，平均數為 2.99；「工具尋求因應」主要是在調節暫時性情緒困擾，透過向他人說出自我的感受以喚起他人的同理心，並從社會網絡中尋求同伴，平均數為 2.99，排序並列第 3。顯示出在前瞻因應部分，受訪對象重視的層面順序。從前三項排序可以看出，受調查者之排序性符合風險社會之現代問題不可預測之特質，但另一方面也顯現出主動因應與策略規劃的問題。

表 1-17　PCI 量表各層面現況分析

層面	人數	平均數	標準差	排序
主動因應	350	2.92	.68	5
反應因應	350	2.99	.55	3
策略因應	350	2.88	.51	6
預防因應	350	3.06	.54	1
工具尋求因應	349	2.99	.57	3
情感尋求因應	350	3.00	.63	2
逃避因應平均	350	2.79	.71	7
前瞻因應	349	2.88	.40	

資料來源：研究整理。

貳、不同背景項在前瞻因應各層面之差異分析

一、不同性別者在前瞻因應各層面之差異分析

　　由表 1-18、1-19 分析結果顯示，不同性別者在前瞻因應 7 個構面之多變量檢定統計量，Λ 值為.45，顯著性為.007，達到.050 顯著水準，即不同性別在前瞻因應 7 個構面構面達顯著差異水準，經事後比較，女性在「情感尋求因應」之認知高於男性。

表 1-18　不同性別在「前瞻因應」各層面之多變項變異數分析摘要表

變異來源	df	SSCP							多變量 Wilk's Λ
組間	2	.714	.379	.624	.726	.183	2.138	.267	.945**
		.379	.201	.331	.385	.097	1.134	.142	
		.624	.331	.546	.634	.160	1.869	.233	
		.726	.385	.634	.737	.186	2.172	.271	
		.183	.097	.160	.186	.047	.547	.068	
		2.138	1.134	1.869	2.172	.547	6.399	.799	
		.267	.142	.233	.271	.068	.799	.100	

變異來源	df	SSCP							多變量 Wilk's Λ
組內	725	160.197	66.919	60.455	68.514	43.231	56.980	34.713	
		66.919	105.54	53.009	47.087	42.997	34.730	27.490	
		60.455	53.009	88.830	55.966	37.791	37.708	19.690	
		68.514	47.087	55.966	100.578	48.088	52.606	41.178	
		43.231	42.997	37.791	48.088	113.083	54.519	42.546	
		56.980	34.730	37.708	52.606	54.519	131.721	44.559	
		34.713	27.490	19.690	41.178	42.546	44.559	174.171	

單變量

因素名稱	主動因應	反應因應	策略因應	預防因應	工具尋求因應	情感尋求因應	逃避因應	
F 值	1.547	0.661	2.132	2.544	0.143	16.858***	0.199	

資料來源：研究整理。

**$p<.01$, ***$p<.001$。

表 1-19　不同性別在「前瞻因應」各層面之多變項變異數分析及事後比較摘要表

變異來源	層面名稱	SS	DF	MS	F	事後比較
組間	主動因應	.714	1	.714	1.547	
	反應因應	.201	1	.201	.661	
	策略因應	.546	1	.546	2.132	
	預防因應	.737	1	.737	2.544	
	工具尋求因應	.047	1	.047	.143	
	情感尋求因應	6.399	1	6.399	16.858***	2>1
	逃避因應	.100	1	.100	.199	
組內	主動因應	160.197	347	.462		
	反應因應	105.545	347	.304		
	策略因應	88.830	347	.256		
	預防因應	100.578	347	.290		
	工具尋求因應	113.083	347	.326		
	情感尋求因應	131.721	347	.380		
	逃避因應	174.171	347	.502		

資料來源：研究整理。

***$p<.001$。

二、不同年齡者在前瞻因應各層面之差異分析

　　由表 1-20、1-21 分析結果顯示，不同年齡者在前瞻因應 7 個構面之多變量檢

定統計量，Λ 值為.916，未達到.050 顯著水準，即不同年齡者在前瞻因應 7 個構面構面均未達顯著差異水準。

表 1-20　不同年齡在「前瞻因應」各層面之多變項變異數分析摘要表

變異來源	df	SSCP							多變量 Wilk's Λ
組間	4	2.342	-.736	-.136	1.674	.053	1.044	1.398	.916
		-.736	.651	.214	-.628	.369	.164	-.534	
		-.136	.214	.753	.374	-.025	.178	.128	
		1.674	-.628	.374	1.803	-.260	.754	1.567	
		.053	.369	-.025	-.260	.427	.431	-.248	
		1.044	.164	.178	.754	.431	1.096	.708	
		1.398	-.534	.128	1.567	-.248	.708	1.606	
組內	344	158.569	68.033	61.216	67.566	43.361	58.074	33.583	
		68.033	105.095	53.126	48.100	42.724	35.700	28.166	
		61.216	53.126	88.624	56.226	37.975	39.398	19.795	
		67.566	48.100	56.226	99.512	48.533	54.024	39.882	
		43.361	42.724	37.975	48.533	112.702	54.635	42.862	
		58.074	35.700	39.398	54.024	54.635	137.024	44.650	
		33.583	28.166	19.795	39.882	42.862	44.650	172.665	

單變量

因素名稱	主動因應	反應因應	策略因應	預防因應	工具尋求因應	情感尋求因應	逃避因應	
F 值	1.270	.532	.730	1.558	.326	.688	.800	

資料來源：研究整理。

表 1-21　不同年齡在「前瞻因應」各層面之多變項變異數分析及事後比較摘要表

變異來源	層面名稱	SS	DF	MS	F	事後比較
組間	主動因應	2.342	4	.586	1.270	
	反應因應	.651	4	.163	.532	
	策略因應	.753	4	.188	.730	
	預防因應	1.803	4	.451	1.558	
	工具尋求因應	.427	4	.107	.326	
	情感尋求因應	1.096	4	.274	.688	
	逃避因應	1.606	4	.401	.800	
組內	主動因應	158.569	344	.461		
	反應因應	105.095	344	.306		
	策略因應	88.624	344	.258		

變異來源	層面名稱	SS	DF	MS	F	事後比較
	預防因應	99.512	344	.289		
	工具尋求因應	112.702	344	.328		
	情感尋求因應	137.024	344	.398		
	逃避因應	172.665	344	.502		

資料來源：研究整理。

三、不同教育程度者在前瞻因應各層面之差異分析

由表 1-22、1-23 分析結果顯示，不同教育程度者在前瞻因應 7 個構面之多變量檢定統計量，Λ 值為.974，未達到.050 顯著水準，經事後比較，教育程度大學（含）以上者在反應因應認知程度高於高中（含）以下者。

表 1-22　不同教育程度者在「前瞻因應」各層面之多變項變異數分析摘要表

變異來源	df	SSCP							多變量 Wilk's Λ
組間	1	.002	.044	.025	.034	.011	.010	-.018	.974
		.044	1.255	.717	.975	.309	.289	-.518	
		.025	.717	.410	.557	.177	.165	-.296	
		.034	.975	.557	.758	.240	.225	-.402	
		.011	.309	.177	.240	.076	.071	-.128	
		.010	.289	.165	.225	.071	.067	-.119	
		-.018	-.518	-.296	-.402	-.128	-.119	.214	
組內	347	160.910	67.254	61.054	69.206	43.403	59.108	34.999	
		67.254	104.491	52.623	46.497	42.784	35.576	28.149	
		61.054	52.623	88.967	56.043	37.774	39.411	20.219	
		69.206	46.497	56.043	100.558	48.033	54.554	41.851	
		43.403	42.784	37.774	48.033	113.053	54.994	42.741	
		59.108	35.576	39.411	54.554	54.994	138.053	45.477	
		34.999	28.149	20.219	41.851	42.741	45.477	174.057	

單變量

因素名稱	主動因應	反應因應	策略因應	預防因應	工具尋求因應	情感尋求因應	逃避因應
F 值	.003	4.167*	1.598	2.614	.234	.167	.426

資料來源：研究整理。

*p<.05。

表 1-23　不同教育程度者在「前瞻因應」各層面之多變項變異數分析及事後比較摘要表

變異來源	層面名稱	SS	DF	MS	F	事後比較
組間	主動因應	.002	1	.002	.003	
	反應因應	1.255	1	1.255	4.167*	2>1
	策略因應	.410	1	.410	1.598	
	預防因應	.758	1	.758	2.614	
	工具尋求因應	.076	1	.076	.234	
	情感尋求因應	.067	1	.067	.167	
	逃避因應	.214	1	.214	.426	
組內	主動因應	160.910	347	.464		
	反應因應	104.491	347	.301		
	策略因應	88.967	347	.256		
	預防因應	100.558	347	.290		
	工具尋求因應	113.053	347	.326		
	情感尋求因應	138.053	347	.398		
	逃避因應	174.057	347	.502		

資料來源：研究整理。

$*p<.05$。

四、不同經濟狀況者在前瞻因應各層面之差異分析

表 1-24、1-25 分析結果顯示，不同經濟狀況者在前瞻因應 7 個構面之多變量檢定統計量，Λ 值為.749，顯著性為.000，達到.050 顯著水準，經事後比較，每月收入 4 萬元以（含）以上者在主動因應、策略因應、預防因應及情感尋求因應之認知程度均高於 2 萬元（含）下者及 2-4 萬元。

表 1-24　不同經濟狀況者在「前瞻因應」各層面之多變項變異數分析摘要表

變異來源	df	SSCP							多變量 Wilk's Λ
組間	2	22.590	5.050	6.998	15.870	3.434	14.953	2.106	.749
		5.050	1.167	1.576	3.780	.983	3.390	.760	
		6.998	1.576	2.171	4.984	1.127	4.646	.737	
		15.870	3.780	4.984	12.547	3.707	10.792	3.221	
		3.434	.983	1.127	3.707	1.721	2.539	1.933	
		14.953	3.390	4.646	10.792	2.539	9.956	1.752	
		2.106	.760	.737	3.221	1.933	1.752	2.366	

變異來源	df	SSCP							多變量 Wilk's Λ
組內	342	136.297	60.781	53.923	52.349	39.390	43.781	32.574	
		60.781	102.427	51.842	42.396	41.783	32.010	24.798	
		53.923	51.842	87.105	51.494	36.543	34.754	19.749	
		52.349	42.396	51.494	87.562	43.674	43.075	37.843	
		39.390	41.783	36.543	43.674	110.194	51.394	41.882	
		43.781	32.010	34.754	43.075	51.394	126.844	44.248	
		32.574	24.798	19.749	37.843	41.882	44.248	167.421	

單變量

因素名稱	主動因應	反應因應	策略因應	預防因應	工具尋求因應	情感尋求因應	逃避因應	
F 值	28.342***	1.949	4.262*	24.504***	2.671	13.422***	2.417	

資料來源：研究整理。

*p<.05, **p<.01, ***p<.001。

表 1-25　不同經濟狀況者在「前瞻因應」各層面之多變項變異數分析及事後比較摘要表

變異來源	層面名稱	SS	DF	MS	F	事後比較
組間	主動因應	22.590	2	11.295	28.342***	3>2、1
	反應因應	1.167	2	.584	1.949	
	策略因應	2.171	2	1.086	4.262*	3>2、1
	預防因應	12.547	2	6.274	24.504***	3>2、1
	工具尋求因應	1.721	2	.861	2.671	
	情感尋求因應	9.956	2	4.978	13.422***	3>2、1
	逃避因應	2.366	2	1.183	2.417	
組內	主動因應	136.297	342	.399		
	反應因應	102.427	342	.299		
	策略因應	87.105	342	.255		
	預防因應	87.562	342	.256		
	工具尋求因應	110.194	342	.322		
	情感尋求因應	126.844	342	.371		
	逃避因應	167.421	342	.490		

資料來源：研究整理。

*p<.05, **p<.01, ***p<.001。

五、不同職業類別者在前瞻因應各層面之差異分析

　　由表 1-26、1-27 分析結果顯示，不同職業類別者在前瞻因應 7 個構面之多變量檢定統計量，Λ 值為.707，顯著性為.000，達到.050 顯著水準，經事後比較，在主動因應層面，建築業認知程度分別高於博彩及博彩中介業、酒店業、批發零售、服務相關、社服及教育相關產業、及其他，批發零售、服務相關、社服及教育相關產業認知程度又高於酒店業；在策略因應及預防因應層面，建築業認知程度分別高於博彩及博彩中介業、酒店業、批發零售、服務相關、社服及教育相關產業、及其他；在情感尋求因應層面，建築業認知程度分別高於博彩及博彩中介業、酒店業、批發零售、服務相關、社服及教育相關產業、及其他；其他類別認知程度又高於酒店業；在逃避因應層，酒店業、建築認知程度高於博彩及博彩中介業及其他；酒店業認知程度高於博彩及博彩中介業、批發零售、服務相關、社服及教育相關產業及其他。

表 1-26　不同職業類別者在「前瞻因應」各層面之多變項變異數分析摘要表

變異來源	df	SSCP							多變量 Wilk's Λ
組間	4	19.233	5.780	7.865	14.157	3.312	15.247	3.581	.707
		5.780	2.631	2.779	3.618	1.163	4.010	-.593	
		7.865	2.779	3.524	5.539	1.201	6.553	.198	
		14.157	3.618	5.539	11.563	2.375	12.006	4.188	
		3.312	1.163	1.201	2.375	1.100	1.377	1.413	
		15.247	4.010	6.553	12.006	1.377	15.446	1.539	
		3.581	-.593	.198	4.188	1.413	1.539	6.339	
組內	342	137.107	58.660	49.904	51.888	38.698	43.100	29.140	
		58.660	101.249	48.434	41.934	41.222	31.324	26.916	
		49.904	48.434	83.412	48.805	35.858	32.429	18.166	
		51.888	41.934	48.805	87.444	44.751	42.281	35.581	
		38.698	41.222	35.858	44.751	111.232	53.557	40.283	
		43.100	31.324	32.429	42.281	53.557	122.514	43.502	
		29.140	26.916	18.166	35.581	40.283	43.502	166.679	

變異來源	df	SSCP							多變量 Wilk's Λ
單變量									
因素名稱		主動因應	反應因應	策略因應	預防因應	工具尋求因應	情感尋求因應	逃避因應	
F 值		11.993***	2.222	3.612**	11.306**	0.845	10.779***	3.252*	

資料來源：研究整理。

*p<.05, **p<.01, ***p<.001。

表 1-27　不同職業類別者在「前瞻因應」各層面之多變項變異數分析及事後比較摘要表

變異來源	層面名稱	SS	DF	MS	F	事後比較
組間	主動因應	19.233	4	4.808	11.993***	4>1、2、3、5 3>2
	反應因應	2.631	4	.658	2.222	
	策略因應	3.524	4	.881	3.612**	4>1、2、3、5
	預防因應	11.563	4	2.891	11.306***	4>1、2、3、5
	工具尋求因應	1.100	4	.275	0.845	
	情感尋求因應	15.446	4	3.862	10.779***	4>1、2、3、5 5>2
	逃避因應	6.339	4	1.585	3.252*	2、4>1、5 2>1、3、5
組內	主動因應	137.107	342	.401		
	反應因應	101.249	342	.296		
	策略因應	83.412	342	.244		
	預防因應	87.444	342	.256		
	工具尋求因應	111.232	342	.325		
	情感尋求因應	122.514	342	.358		
	逃避因應	166.679	342	.487		

資料來源：研究整理。

*p<.05, **p<.01, ***p<.001。

◆ 第二節 ◇ 深度訪談分析

壹、訪談資料內容概述 —————————————

　　本研究使用 MAXQDA 軟體編碼關聯矩陣，總結出編碼之間的關係如表1-28。在員工部分，疫情對員工的影響及無薪假，與疫情的經濟影響有關聯，員工培訓的挑戰、風險管理能力及員工培訓，與疫情衝擊對中小企業的影響有關聯。以下可以從編碼之間的關聯性，尋找出整體訪談的脈絡方向，大致聚焦在受僱員工與疫情的衝擊、中小微企業與政府措施及受僱員工的培訓與政府培訓措施。

一、受僱員工與疫情衝擊

　　從第一類員工培訓的脈絡上，足以發現在訪談內容中，員工的培訓所包含的子項目中，疫情對員工的影響著重在經濟層面，而在培訓方面，與中小企業的經營有關聯，可以深入探討的脈絡在於，疫情衝擊對員工的經濟影響，以及中小企業培訓面臨的問題或挑戰。

二、企業與政府措施

　　在疫情衝擊中小微企業方面，與政府的措施有較多的關聯性，包含中小企業面對疫情的影響，以及經濟與就業問題，和政府所提出的就業與經濟措施有緊密的關聯，但在培訓方面則相對較少，足以看出訪談內容聚焦在政府的經濟與就業措施，而直接與政府培訓有較密切的關聯，則是較廣泛的民眾問題。

三、受僱員工與政府培訓

　　受僱員工與政府培訓可謂息息相關，事實上檢視其中關連可以發現，受僱員工與政府的培訓與挑戰，關聯程度相對較高，而在無薪假與風險管理部分，則略低一些，而延續此脈絡可察覺，訪談內容應是聚焦於受僱員工培訓與政府培訓的內容。

表 1-28　深度訪談分析歸納表

	疫情的衝擊＼中小企業的問題	疫情的衝擊＼疫情影響—經濟
員工＼員工培訓挑戰	3	0
員工＼疫情對員工影響	1	4
員工＼無薪假	1	3
員工＼風險管理能力	2	0
員工＼員工培訓	2	0

	政府措施＼政府支持—就業	政府措施＼政府支持—經濟	政府措施＼政府培訓＼政府培訓挑戰
疫情的衝擊＼中小企業的問題	5	1	1
疫情的衝擊＼民眾的問題	0	0	4
疫情的衝擊＼疫情影響—經濟	4	7	0
疫情的衝擊＼疫情影響—就業	4	7	0

	政府培訓	政府培訓挑戰
員工培訓	11	5
員工培訓挑戰	8	7
員工＼無薪假	5	4
員工＼風險管理能力	4	4

貳、訪談內容分析與評述

一、受僱員工與疫情衝擊

　　受僱員工與疫情衝擊主要在於檢視當前澳門面對疫情的概況，以及實際的影響。

　　貧困地方本來經濟已經差，疫情使他們雪上加霜。物業鏈都斷了供應（G2）。

　　澳門有很多企業不具備大企的條件，很多企業出現結業、倒閉或者停業的情況，所以也有不少失業情況（G2）。

　　這個疫情，在差不多新年的時候爆發，對民生的影響比較大，各行各業都進入了停頓或者冬眠的狀態，各行各業都受到非常大的影響（G1）。

　　澳門政府對預防疫情的擴散比鄰近地區好，但澳門經濟單一，使疫情下澳門的經濟的影響卻比鄰近地區大（E3）。

　　有企業堅持不解僱員工是很可取的，但他們能堅持多久，是讓人擔心的問題，在中小企方面，面對疫情，難以維持（E3）。

　　從上述訪談內容可知，疫情來臨對澳門經濟確實造成衝擊，也因為產業特性，故衝擊更為嚴峻。雖然企業並未有大規模裁員，但隨著疫情的發展，企業生存能力還是值得關注。

　　澳門政府採取集中隔離措施，成效非常好。在經濟上，政府因應經濟情況先後推出兩期經濟援助措施，包括對民生，對企業的援助，援助金額也合理（G2）。

　　現在企業都指望著政府的，其實政府應該反過來說教大家怎麼「釣魚」，但是政府現在是出現問題就「派魚」。「派魚」最快速解決，而且政府有「魚」（E1）。

　　所幸，面對疫情的衝擊，政府有提供經濟援助，可舒緩企業經營壓力。然而，政府所提供的經濟支援，並未達到授人以漁目標，倘若紓困退場或遞減，又或是疫情擴大，企業是否有能力維持經營，遂為本研究最關心之議題。

　　在這個經濟影響下，很多人的工作範圍會變大了，以前都只會負責自己部門的工作，現在其他部門的工作也要處理，一個人要兼顧幾個工作等（G1）。

　　這方面用我的經驗來說，我覺得就中高層還好些，但是中下層，他們的適應能力好低的。就是做開了某樣好手續性的事，你要他換到別的崗位（E1）。

　　公司和其他博企一樣，為節省資源，都推出無薪假的制度。但我一直為這制度感到擔憂，因為長期來說這不是一個有效的解決辦法，導致員工的離職（I1）。

　　他們沒有危機感，面對風險的能力也較差。無薪假令自己手藝生疏，收入也減半，他們沒有「積穀防飢」的心理。他們在享受這種歪曲了的福利（I1）。

　　企業不僅衝擊企業，員工也連帶遭受波及，從訪談中可看出較常見改變，主要

是員工必須兼職,以及無薪假的問題。企業採取無薪假的策略無非是希望縮減人事開銷,也是配合政府防疫措施,然而,無薪假期間,人員除收入減少之外,也難有機會與管道自我提升,將成為疫情後人才培育之隱憂。在受僱員工與企業方面,訪談內容聚焦於面對疫情的衝擊下,受僱員工的培訓與中小企業的影響,尤其是面對風險的態度方面。

> 我現在好怕,就有好多人,當圈一放開,那些「羊」出來就不能變回「狼」。為什麼用這個例子,員工現在好多人面對風險的能力總體來講是低(I3)。

> 我認為他們的風險意識比較低。其實他們應該評估自身的風險,是因為他們在培訓上面的不足,還是需要培訓加強自己的競爭力,而不是怨天尤人(G1)。

> 不同層次的員工面對風險的能力都不同,總括來說,從事公職的人員缺少危機感,因為他們有穩定的工作和收入,對於私人企業,大部分員工並未有足夠的風險抵抗能力(E3)。

> 員工對於疫情的風險意識不一,例如食品供應,澳門的貨品和食品很多依靠外力輸入,境外疫情風險情況較高。如在內地,很多疫情個案是因為外部貨品輸入的(G2)。

依前述討論,受訪者憂慮員工面對疫情的風險管理意識與能力相對薄弱,而面對疫情也較為消極,公私部門皆有這類情況。此外,企業員工也並未正視到疫情對經營安全的影響,至今也無相對應的措施。

> 他們的規劃比以前更加謹慎,尤其在規劃消費方面,現在,他們有「積穀防飢」的意識。有些員工對於日後規劃持積極態度(I2)。

然而,也有部分受訪者採取較為樂觀的態度認為,疫情雖然使員工收入減少,但也發展出消費規劃的能力,是疫情衝擊的正面效果。

> 大企業員工的協調性相對強,特別是公共部門的員工,例如保安人員、前線人員等,都會有合作的流程指引(G2)。

對於中小微企，他們的條件有限，政府會給予指引，但他們的執行程度未能做足。所以中小微企防控防疫的工作有待加強（G2）。

對於中小微企，有很多工作，監管與執行可能會出現問題。對於疫情的配合程度也較低，因為他們沒有相關查核工作。所以需要有培訓加強員工意識（G2）。

在企業的適應能力方面，大企業與中小微型企業有明顯的差異，特別是在疫情持續的情況中，中小微型企業的防疫管理有待加強。而這也顯現出在中小微型企業的管理能力相對薄弱。

澳門的企業主要分為中小企、中小微企和大企。中小微企的員工如求助肯定找不到幫助，老闆不能提供相關的協助。員工為 100 人以下的都歸為中小企業（G3）。

澳門的中小企、中小微企對於員工的支援不足。政府也希望可培訓中高層，為員工提供協助，但這些培訓的參與度也不積極（G3）。

而疫情的衝擊，對中小微型企業員工也更大，畢竟在管理與資源能力相對不足的情況下，員工能使用的資源並不充裕，而此時政府就扮演重要的角色。

員工一般都不適應變動，員工工作變動大都因為上司／部門主管離開了公司，使工作環境改變了，難以避免有一部分員工會跟著變動（E3）。

一有失業問題，政府就即刻 provide 一些 training，那些 training 就是總之按時上課都有錢拿的，這樣就令他們覺得無感（E1）。

此外，由於疫情而導致的工作變化，員工是否有能力能適應，特別是當前政府以經濟導向為主的支持作法，能否真正培育人才，都還有待觀察。

二、企業與政府措施

在企業與政府方面，訪談內容聚焦在面對疫情衝擊的企業、民眾或員工，以及政府所提出的就業與經濟支持措施。事實上，澳門政府重視員工就業的培訓由來已久，但在就業體系之中，仍然存在些許問題，也影響了企業的運作。

其實現在有就業配對的，但是真的讀完培訓的未必找了相關的工作，這是現在的實際情況。失業的人找到的未必是他心儀的工作或者是他專長的工作（E1）。

　　人才發展委員會將專才分為三個層次，精英人才、專才和應用型人才。澳門應用型人才的培養不足，如果從事某一行業的人士想轉換工種，會很困難（G3）。

　　政府不斷保障市民就業，限制外勞入口，這減少了澳門員工的風險意識，政府對中小企並沒有太多的支援，博企、政府部門的工作都吸引到很多求職者（E3）。

　　澳門仍然有勞動支持系統，但工作媒合與實際能力不見得相符合。受訪者提及澳門的應用型人才培養不足，意即基層員工在轉換工作方面較為困難，而在疫情衝擊下，若政府並無適切的支持，受衝擊最大將會是基層員工。

　　除了政府的角度之外，我們都看到企業亦都在這次疫情裡面明顯看到很大的反彈，見到很多人？培訓，為什麼這麼多人要參與（I3）？

　　澳門的中小企、中小微企對於員工的支援不足。政府也希望可培訓中高層，為員工提供協助，但這些培訓的參與度也不積極（G3）。

　　另方面，以補貼導向的培訓措施，是否會對企業自主培訓或人力配置產生影響，也將會是後續可以再行討論的議題。此外，受訪者也提及，現況是澳門大多是以補貼為主的基層員工培訓，尚未有主管人員的培訓系統。此現象不僅是疫情衝擊下的問題，凸顯管理能力的不足，也是後疫情時代人力培訓的隱憂。

　　澳門人的應變能力不足，很多時候遇到困難都很依賴政府的幫助，對於自身的問題可能理解得不夠透徹，例如現在的情形，樓市也沒有跌過（G1）

　　現時粵廣澳大灣區已設有雇員再培訓的計畫，澳門暫時還沒有，導致員工接觸的工作範疇少。如再培訓他們，也需要看他們的積極性才能決定（G3）。

　　澳門人參與培訓的積極性差，政府需制定政策，增強澳門市民的競爭力和危機意識，以增加他們的積極性，這些在澳門學生中學教育的時候就應該教育（G3）。

從受訪者觀點可知，澳門民眾習於政府制度，當外部發生變化，可能欠缺應變能力。政府後疫情時代的人才培育，民眾的習慣改變將會是關鍵，意即未來的人才培育必須有新型態的作為。

在面對疫情蔓延的情況來說，政府可考慮對受影響的各行各業展開針對性的援助措施。也能給予澳門雇員一些更貼心的援助從經濟層面，在疫情持續之下，政府應積極考慮透過政府資源如基金會對澳門有需要的行業／產業和居民推出針對性的援助，如推出第三輪的援助疫境下，希望企業能與社會共度時艱，希望大企業，為促進社會穩定，不解僱員工，有條件的物業主也可慮降低租金以舒緩租客的經濟壓力（G2）。

面對疫情的衝擊，受訪者認為政府還是需要優先提供經濟支持。

現在企業都指望著政府的，其實政府應該反過來說教大家怎麼「釣魚」，但是政府現在是出現問題就「派魚」。「派魚」最快速解決……我都見過政府不遺餘力地搞青創基金，給五十萬六十萬借錢給他們創業，但是好多都缺乏工作經驗，不會做生意，最後資金和機會都浪費掉了（E1）。

但也有觀點提出，延續過去的經濟支持，並無助於提升企業能力。而各國過去所習於採取的創業政策，在效益方面也有待商榷。

疫情下，中小企擔心生意難以營運，商戶希望政府推出措施援助，以刺激經濟。所以政府推出了消費券，如果政府向市民發放現金，便會有聲音（I2）。

刺激經濟，除了補貼以外，消費券也是其中之一，但以相關刺激消費的方式，究竟只是度過危機，還是能在後疫情時代讓澳門從危機變成轉機。

我們知道的，政府長遠的支援是不夠的，為什麼這麼說呢。因為真正政府的工作需要支援的是什麼，是去支援營商環境，要將商業環境打造好（I3）。

政府不斷保障市民就業，限制外勞入口，這減少了澳門員工的風險意識，政府對中小企並沒有太多的支援，博企、政府部門的工作都吸引到很多求職者（E3）。

營造良好的營商環境相當重要，而營商環境可能與人才配置有關係，過去限制外勞保障就業，可能無法提升員工的危機意識。受訪者仍然認為，短期的經濟貼補仍有必要性，但長期來說營商環境的營造仍是最關鍵的工作，而且牽涉政府對人才配置的思維。

三、受僱員工與政府培訓

　　第三部分，分別檢視受僱員工與政府培訓之間的討論。檢視訪談內容可以察覺，大多數受訪者相當重視政府的培訓。

　　政府一直為市民提供培訓機會，未來，政府可因應本澳哪些行業對於人才的需求較大而推行針對性的培訓。例如現在在放無薪假的博企員工……博企的相關要求跟中小企業不同，博企有資源培訓，但中小企業等並沒有。澳門可參考鄰近地區，推行雇員再培訓，培訓的對象應不止針對基層（G3）。

　　政府應提供企業無薪假員工培訓，並且留意中小企的需求。

　　針對領導和主管的培訓其實更加重要，他們需要有這方面的知識帶領員工，未來，政府應加強對中高層管理人士有關風險管理的培訓……推出針對主管、管理層和前線人員的培訓（G2）。

　　我想都要去 train 中高層吧，不是 train 中下層人員。中高層那些人等他知道協作的好處對於他們自己也有好處（E1）。

　　政府應針對企業主管提供培訓，企業主管如能意識到培訓的重要性，並具備因應危機或風險的能力，將有助於企業人才整體培訓。

　　如果講到培訓，我的定義，training 是一個比較短期的，針對性的，令到某些人能夠主要是技能方面，或者都可以在態度方面的轉變……但是牽涉到價值觀的問題真的不是兩個月的 training 能做得到的，可能要 long-term 些的，要從頭到腦storm 他們才會改（E1）。

　　我認為可以提高多一點關於生涯規劃，或者是危機管理這樣的課程，讓他們知

道，在工作的過程上，或者是職業上遇到的困難可以怎麼樣去處理（G1）。

在培訓方面，政府也應為有需要人士提供風險管理的培訓，及支援社會作出防備工作，落實外防輸入，內防反彈的施政目標（G2）。

不僅培訓應該分流，在內容方面也可以著重技術性及養成性的培訓內容，且依據受訪者觀點，培訓有助於維穩的整體社會目標。

香港僱員再培訓局的做法，是會有針對性的。可考慮本澳在哪一個行業方面缺人手，可針對性開辦相關課程（G3）。

對於一般員工的培訓，受訪者建議不如優先調查需求。

其實很多地方會有一些稅務減免，或者是一些科技支援，政府可以多點提供員工內部培訓，讓他們適應不同環境，或者內部轉職的時候能夠勝任……對於旅遊業，政府可以提供多點科技，培訓上的支援，給企業主或者員工適當的培訓，讓他們適當轉型，給點培訓渠道他們，開啟新的銷售空間……我認為可以提高多一點關於生涯規劃，或者是危機管理這樣的課程，讓他們知道，在工作的過程上，或者是職業上遇到的困難可以怎麼樣去處理（G1）。

疫情推動了電子支付，和網上購物。政府應該借此趨勢，去幫助中小企進化成電子化商鋪，並提供電子化配套設施（I1）。

而未來培訓部分，可著重在營造環境的部分，例如使用科技培訓，另方面也作為產業升級的基礎。整體來說，上述觀點最為重要部分在於，歸納受訪者意見可以看出培訓分流的概念，將有助於企業整體的健全性，另方面，培訓內容也可以分流出價值性與技術性層次，使培訓得以更為多元，也更為聚焦後疫情時代的人才需求變化。

澳門的中小企、中小微企對於員工的支援不足。政府也希望可培訓中高層，為員工提供協助，但這些培訓的參與度也不積極（G3）。

澳門的員工本來就沒有大多危機感，這是澳門職場上的價值觀。如需改變這情

況，培訓不會為員工預防危機帶來幫助，因為這些都關乎他們自身（E3）。

加強培訓，讓企業內部人力資源部門和管理層意識到風險層面，而不是認為無論發生什麼事情，政府都會幫助他們，這一種是心存僥倖的想法（G1）。

大部分年輕人喜歡安穩工作，每年考公職的年輕人達 5 位數以上，他們考公職的動機是因為不想規劃自己的職涯，因為政府工作一般被認為較為穩定（G3）。

他們的學識，他們的經驗、經歷和學習都是不夠的，過去我們總是講要培訓，但是這些人好多時候都沒時間培訓過，可能這次是個好的時間（I3）。

澳門未來的人才培育，務必得正視並省思當前做法的問題，以及潛在的挑戰或影響因素，包含政府的保障、誘因、產業環境。

政府投出了很多資源應對疫情，如培訓班，但這些培訓班的參與人數低。這是因為這些培訓計畫的報名手續太複雜，所以人多人不會報讀……如政府的技能提升培訓，一定要 100%的參與度，這令市民感受的壓力大，機構執行的壓力也大（E3）。

就業導向帶津培訓計畫是通過市民自行報名，但技能提升計畫卻有問題出現，因為需要企業做推薦，否則員工不能自行報讀課程（G3）。

此外，過去的配訓系統仍然有制度上的障礙，例如報名方式、執行率等，承上述討論，採用科技的方式提供環境，或許是轉機的希望，也可一舉升級產業結構。澳門有必要針對後疫情時代推出新型的人才培訓，但也必須意識到可能面臨挑戰，而這些挑戰的成因，可能與政府過去保障的措施有關係，而此次疫情也或許是轉機，可期待一改過去培訓的問題，翻轉過去政府保障的做法，採取全新的培育做法，針對後疫情時代人才培育做好準備。

參、訪談討論歸納

總結上述分析可以發現，疫情確實衝擊澳門產業與經濟，也波及到員工的工作型態，而有兼職與無薪假的現象，雖然政府提供了經濟支持，但並未達到授人以漁

的目標，遂使後疫情的人才培育更顯重要。在員工培訓、風險管理及中小企業交互檢視後，受訪者認為公私部門基層員工普遍對疫情的風險意識與管理能力較為薄弱，也缺少經營的危機意識，但也有觀點認為疫情使員工消費規劃能力提升，態度也更為積極。疫情對於中小微型企業衝擊尤為劇，明顯反映出渠等企業能力薄弱的問題，不僅是因應疫情的持續經營，更重要的是能否配合與落實防疫政策。且受訪者也點出，員工面對環境的適應力不足，當前政府的經濟補貼導向的培訓也未必能實質提升能力，又落入給魚吃的觀念。

過去政府所提供的勞動支持系統，雖然保障了民眾的就業權益，但在疫情衝擊下，並無法有效協助基層員工轉換工作，僅能依賴補貼式的培訓方式舒緩員工經濟壓力。補貼式的培訓可能會造成問題包含，培訓的能力不見得能迎合市場需求，以及難以實質提升人才的層次，而受訪中也提到現階段並無主管層級的培訓系統，對於疫情風險防範與後續人才培育埋下隱憂。在過去政府的勞動保護機制下，可能限縮員工的危機能力提升的機會。而面對疫情的衝擊，因應可能的風險，營造良好的產業環境相當重要，提升人才配置的做法。對此，訪談內容認為，因應風險短期的經濟補貼具有重要功能，能夠舒緩社會壓力，但長遠觀之，產業環境與人才培育仍是最關鍵的工作，政策需要從人才保護轉換為人才配置的觀念。

最後，人才培育與產業環境的營造是相輔相成的作用，例如科技人才的培育及產業科技的提升，都有助於在後疫情時帶提升人力資本，將危機化為轉機；另方面，受訪內容也提到，在人才培育部分應有分流機制，將主管與員工培訓區分開來，提升培訓的多元性，也正是人才配置的基礎做法，一併為企業提供合適的培訓內容，為個別企業人才調整與風險因應建立基礎，健全企業因應風險的體質，也更為聚焦後疫情時代的人才需求變化作充分準備。

◆ 第三節 **AHP 問卷分析結果**

壹、各項構面之成對比較矩陣

　　本研究運用層級分析法問卷填答的方式，建立出比較矩陣、測量出特徵值與一致性檢定，最後計算出每項的評估結果，第一層構面「以前瞻因應觀點探討風險社會下對於風險因應態度」之評估指標分別為「企業主管培訓」、「企業員工培訓」、「疫情紓困」與「產業發展」等 4 項，詳細成對比較矩陣結果，如表 1-29 所示；圖表示第一層構面兩兩重要程度之比重。

　　由表 1-29 可知，第一層構面重要程度為「企業主管培訓」（1.29）比「企業員工培訓」重要（0.78）、「疫情紓困」（1.23）比「企業主管培訓」（0.81）重要及「疫情紓困」（2.04）比「產業發展」（0.49）來得重要，餘之類推。

表 1-29　以前瞻因應觀點探討風險社會下對於風險因應態度成對比較表

	企業主管培訓	企業員工培訓	疫情紓困	產業發展
企業主管培訓	1	1.29	0.81	0.71
企業員工培訓	0.78	1	0.94	0.71
疫情紓困	1.23	1.06	1	2.04
產業發展	1.41	1.41	0.49	1

資料來源：研究整理。

　　第二層構面「企業主管培訓」之評估指標分別為「風險管理」、「疫情管控」、「多元技能」、「生涯規劃」、「技能升級」與「適應能力」等 6 項，詳細成對比較矩陣結果，如表 1-30；圖 1-5 表示「企業主管培訓」評估指標兩兩重要程度之比重。由表 1-30 可知，企業主管培訓重要程度為「疫情管控」（2.07）比「多元技能」（0.48）、「風險管理」（1.94）比「生涯規劃」（0.52）、「技能升級」（1.49）比「生涯規劃」（0.67）來得重要，餘之類推。

表 1-30　企業主管培訓成對比較表

	風險管理	疫情管控	多元技能	生涯規劃	技能升級	適應能力
風險管理	1	0.86	2.36	1.94	0.42	0.53
疫情管控	1.16	1	2.07	2.14	1.96	2.43
多元技能	0.42	0.48	1	0.76	0.70	1.12
生涯規劃	0.52	0.47	1.32	1	0.67	0.59
技能升級	2.38	0.51	1.43	1.49	1	0.75
適應能力	1.89	0.41	0.89	1.69	1.33	1

資料來源：研究整理。

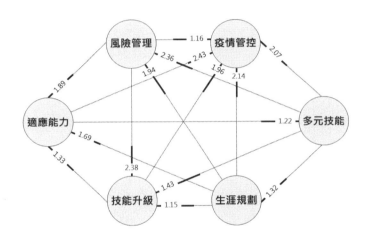

圖 1-5　企業主管培訓成對比較圖

　　第二層構面「企業員工培訓」之評估指標分別為「風險管理」、「疫情管控」、「多元技能」、「生涯規劃」、「技能升級」與「適應能力」等 6 項，詳細成對比較矩陣結果，如表 1-31；圖 1-6 表示「企業員工培訓」評估指標兩兩重要程度之比重。由表 1-31 可知，企業主管培訓重要程度為「疫情管控」（2.56）比「多元技能」（0.39）來得重要，「生涯規劃」（2.67）比「技能升級」（0.37）重要，「技能升級」（2.46）比「適應能力」（0.41）重要，餘之類推。

表 1-31　企業員工培訓成對比較表

	風險管理	疫情管控	多元技能	生涯規劃	技能升級	適應能力
風險管理	1	0.86	0.59	1.21	1.66	0.91
疫情管控	1.16	1	2.56	2.45	2.19	2.27
多元技能	1.69	0.39	1	1.41	1.45	1.99
生涯規劃	0.83	0.41	0.71	1	2.67	2.42
技能升級	0.60	0.46	0.69	0.37	1	2.46
適應能力	1.10	0.44	0.50	0.41	0.41	1

資料來源：研究整理。

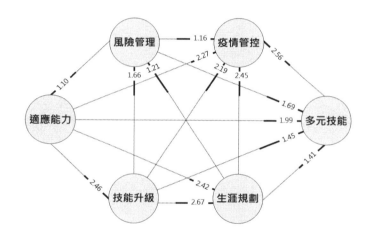

圖 1-6　企業員工培訓成對比較圖

　　第二層構面「疫情紓困」之評估指標分別為「短期補貼」、「稅賦減免」、「職業媒合」與「求助管道」等 4 項，詳細成對比較矩陣結果，如表 1-32；圖 1-7 表示「疫情紓困」評估指標兩兩重要程度之比重。由表 1-32 可知，疫情紓困重要程度為「短期補貼」（1.93）比「稅賦減免」（0.52）來得重要、「職業媒合」（1.22）比「稅賦減免」（0.82）來得重要，餘之類推。

表 1-32　疫情紓困成對比較表

	短期補貼	稅賦減免	職業媒合	求助管道
短期補貼	1	1.93	1.25	0.94
稅賦減免	0.52	1	0.82	1.42
職業媒合	0.80	1.22	1	0.91
求助管道	1.06	0.70	1.10	1

資料來源：研究整理。

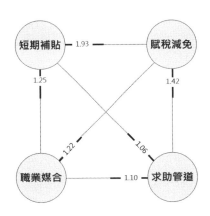

圖 1-7　疫情紓困成對比較圖

　　第二層構面「產業發展」之評估指標分別為「培養科技化」、「中小微企業增能」、「跨區交流」與「跨部門合作」等 4 項，詳細成對比較矩陣結果，如表 1-33；圖 1-8 表示「產業發展」評估指標兩兩重要程度之比重。由表 1-33 可知，產業發展重要程度為「中小微企業增能」（1.04）比「培養科技化」（0.96）重要，及「中小微企業增能」（2.41）比「跨區交流」（0.41）來得重要。「跨區交流」（1.49）比「跨部門合作」（0.67）來得重要，餘之類推。

表 1-33　產業發展成對比較表

	培養科技化	中小微企業增能	跨區交流	跨部門合作
培養科技化	1	0.96	0.67	1.24
中小微企業增能	1.04	1	2.41	0.96
跨區交流	1.49	0.41	1	1.49
跨部門合作	0.81	1.04	0.67	1

資料來源：研究整理。

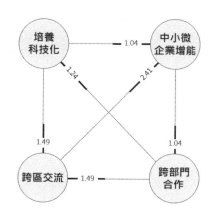

圖 1-8　產業發展成對比較圖

貳、一致性檢定

　　為確定實測結果符合邏輯性，達到一致性要求，完成成對比較矩陣後，接著求得特徵值與特徵向量，進行一致性檢定，各項構面之最大特徵值，如表 1-34 所示。

表 1-34　各層面一致性檢定分析結果

層級	構面	最大特徵值（λ_{max}）
第一層	以前瞻因應觀點探討風險社會下對於風險因應態度	4.1219
第二層	企業主管培訓	6.3702
	企業員工培訓	6.3934
	疫情紓困	4.1043
	產業發展	4.2179

資料來源：本研究製作

　　接著將試算 C.I.值與 C.R.值，檢測結果 C.I.值與 C.R.值皆須 ≦0.1，表示實測結果符合一致要求，實測結果各項構面皆符合一致性檢定，表示受測者的回答過程與問卷並無矛盾現象，如表 1-35 所示。

表 1-35　C.I.值與 C.R.值檢測分析結果表

層級	構面	R.I.	C.I.	C.R.
第一層	以前瞻因應觀點探討風險社會下對於風險因應態度	0.90	0.041	0.045
第二層	企業主管培訓	1.24	0.074	0.060
	企業員工培訓	1.24	0.079	0.063
	疫情紓困	0.90	0.035	0.039
	產業發展	0.90	0.073	0.081

資料來源：研究整理。

參、各項構面之權重分析

一、第一層構面分析

　　「以前瞻因應觀點探討風險社會下對於風險因應態度」之第一層構面分析，由數據表示四大構面權重，從高到低的排序分別為疫情紓困（0.3160）、產業發展（0.2453）、企業主管培訓（0.2292）與企業員工培訓（0.2095），如表 1-36 所示。

表 1-36　權重高低排序表

構面	評估指標	相對權重	排名
以前瞻因應觀點探討風險社會下對於風險因應態度	企業主管培訓	0.2292	3
	企業員工培訓	0.2095	4
	疫情紓困	0.3160	1
	產業發展	0.2453	2

資料來源：研究整理。

　　本研究發現「以前瞻因應觀點探討風險社會下對於風險因應態度」中的 4 項指標中，「疫情紓困」構面為最重要的考量因素。其後續排名分別為「產業發展」構面、「企業主管培訓」構面與「企業員工培訓」構面。第一層構面間權重值之差距，如圖 1-9 所示。

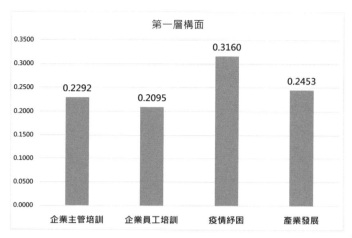

圖 1-9　第一層構面權重直條圖

二、第二層構面分析

　　「以前瞻因應觀點探討風險社會下對於風險因應態度」之第二層構面分析，依照構面排序以表 1-37 述之，各構面評估指標分析如下：

表 1-37　各構面評估指標分析表

評估指標	評估指標	權重	排名
企業主管培訓	風險管理	0.1555	4
	疫情管控	0.2710	1
	多元技能	0.1120	5
	生涯規劃	0.1125	5
	技能升級	0.1776	2
	適應能力	0.1714	3
企業員工培訓	風險管理	0.1544	4
	疫情管控	0.2844	1
	多元技能	0.1844	2
	生涯規劃	0.1681	3
	技能升級	0.1169	5
	適應能力	0.0918	6
疫情紓困	短期補貼	0.3044	1
	稅賦減免	0.2186	4
	職業媒合	0.2408	2
	求助管道	0.2363	3

評估指標	評估指標	權重	排名
產業發展	培養科技化	0.2341	3
	中小微企業增能	0.3086	1
	跨區交流	0.2427	2
	跨部門合作	0.2146	4

資料來源：研究整理。

（一）企業主管培訓構面

在此構面中，疫情管控（0.2710）為最高權重指標。其後續排名分別為技能升級（0.1776）、適應能力（0.1714）、風險管理（0.1555）、生涯規劃（0.1125）與多元技能（0.1120）。

（二）企業員工培訓構面

在此構面中，疫情管控（0.2844）為最高權重指標，其後續排名分別為多元技能（0.1844）、生涯規劃（0.1681）、風險管理（0.1544）、技能升級（0.1169）與適應能力（0.0918）。

（三）疫情紓困構面

在此構面中，短期補助（0.3044）為最高權重指標，其次為職業媒合（0.2408）、求助管道（0.2363）、與稅賦減免（0.2186）。

（四）產業發展構面

在此構面中，中小微企業增能（0.3086）為最高權重指標，其次為跨區交流（0.2427）。其後才是培養科技化（0.2341）與跨部門合作（0.2146）。

根據第一層構面構面及第二層構面權重合併計算出來的總體權重進行分析，依照權重值排序出「以前瞻因應觀點探討風險社會下對於風險因應態度」最重要的評估指標，並對該指標進行說明，詳細總體排序如表 1-38；圖 1-10 為總體排序直條圖。前 5 名構面當中，「疫情紓困」的短期補貼（0.0962）、職業媒合（0.0761）、求助管道（0.0747）與稅賦減免（0.0691）占了前 4 名，最後 1 項指標為「中小微企業增能」（0.0757）。

表 1-38　第二層構面總體權重排名

評估指標	評估指標	整體權重分析	排名
企業主管培訓	風險管理	0.0357	14
	疫情管控	0.0621	6
	多元技能	0.0257	18
	生涯規劃	0.0258	17
	技能升級	0.0407	11
	適應能力	0.0393	12
企業員工培訓	風險管理	0.0323	16
	疫情管控	0.0596	7
	多元技能	0.0386	13
	生涯規劃	0.0352	15
	技能升級	0.0245	19
	適應能力	0.0192	20
疫情紓困	短期補貼	0.0962	1
	稅賦減免	0.0691	5
	職業媒合	0.0761	2
	求助管道	0.0747	4
產業發展	培養科技化	0.0574	9
	中小微企業增能	0.0757	3
	跨區交流	0.0595	8
	跨部門合作	0.0526	10

資料來源：研究整理。

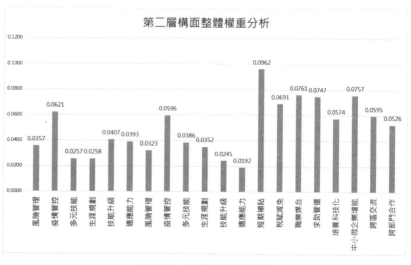

圖 1-10　總體排序直條圖

第5章 結語

　　本研究旨在以前瞻因應觀點探討風險社會「新型冠狀病毒」衝擊後之人力資源再運用。本研究使用問卷調查、深度訪談及階層問卷為主要研究方法，經分析與討論後，提出結論說明如後，並依據研究目的及結論，提出人才培育具體策略建議。

◆ 第一節　結論

　　新冠肺炎疫情尚未結束，不僅是近期社會風險中影響範圍與時間的危機事件，也考驗著邁向後疫情時代的人力資源運用。歸納研究結論發現，在面對風險過程中，階層與產業有著顯著的差異，其中之關鍵可能與受僱階層和產業規模有關係，而在邁向後疫情時代，人力資源培訓首重疫情管控，其次是風險管理及適應的能力，而政策則以在維持社會穩定，進而提供增能資源為優先考量。

壹、受僱員工與產業因應風險的能力

　　在問卷調查中發現，不同教育程度及收入，在前瞻因應有顯著差異，教育程度大學（含）以上者在反應因應認知程度高於高中（含）以下者，收入較高在主動因應、策略因應、預防因應及情感尋求因應之認知程度均高於收入較低者，顯示出在不同階層的民眾，風險管理能力及因應能力有差異，相對弱勢者較難有足夠的知識與資源適應快速變遷的環境，而值得一提的是，女性在「情感尋求因應」之認知高於男性，也顯現出性別差異，以及男性在面對環境方面的隱憂，尤其是相對弱勢的男性。而在產業部分，以旅遊為先的澳門產業，在酒店及博彩行業方面，在「主動因應」、「策略因應」及「預防因應」層面，認知程度皆非最高，相對顯現出重點產業在發展方面的缺口，以及未來可以強化的項目。

貳、產業與政府人力資源措施

　　在深度訪談部分，本研究透過訪談具代表性的專家學者及各產業代表。總的來說，疫情對澳門產業及受僱員工有著實質且深遠的影響，尤其是在經濟與就業問題。過去政府習於提供經濟支持，未能達到授人以漁的目標，而凸顯人才培育重要性。相對於大型企業，中小微企業面臨疫情衝擊更為沉重，且在制度與機制缺乏配套的情況下，也可能出現防疫能力的缺口，而受僱員工也缺乏來自企業的支持，而前面對疫情，制度上僅能依賴補貼式的培訓方式舒緩受僱員工燃眉壓力，保護性的措施難以有效建立實質性的人力成長，且培訓機制也相對模糊，成為後續必須面對的挑戰。所幸在政府穩健的防疫措施下，並未有立即性的危機出現，故訪談內容中部分提到應積極規劃後疫情時代人才培育與產業發展方向。畢竟，疫情雖是危機，也可能是產業轉型或升級的契機，如何在這波疫情衝擊後建立受僱員工關鍵能力的培育，為企業人力資源建立穩定基礎，健全產業因應風險能力，帶領社會與產業走向新境界，應是後續值得持續關注的議題。

參、後疫情時代人才培育策略

　　本研究使用階層分析進行人才培育策略之調查。本研究依據問卷與訪談結果，將人才培育策略依據企業員工屬性、政策與產業發展方向進行設計。在人才培育方面，首重疫情管控的培訓，畢竟企業是防疫的基礎陣線，防疫能力的強化有助於穩定疫情的蔓延。除疫情之外，人才培育策略在企業主管和員工則各有優先差異。在企業主管部分，後疫情時代應更加強調技能升級與適應能力，以因應環境變化，帶領企業走出困境；在企業員工部分，則應更加重視多元技能和生涯規劃能力，畢竟在疫情衝擊下，基層員工必然面對失業與就業問題，這是風險社會現代性不可避免的問題，且員工的生計與家庭相關，作為風險社會的基層組織，是人力穩定的關鍵因素，故後疫情時代，基層員工如何跳脫保護思維，培養多元技能，以及良好的生涯規劃，成為社會安定的基礎。在政策方面，雖然過去保護性作法難以引領人力資源發展，但調查中發現短期補貼仍然是重要的措施，優先舒緩疫情衝擊的壓力，其

次是提供職業媒合與求助管道，化解就業與失業所衍生的社會問題，長期來看，才是因應產業的稅賦政策。在產業發展方面，調查發現中小微企業增能是首要的策略之一，其主要目的在於健全企業因應風險的體質，其次是促進跨區域交流，在後疫情時代增加人才與產業合作的機會，而長遠來看，逐步展開產業科技化，提升產業的效率與價值，實質達到跨部門合作的目標，以整體社會穩健基底共同面對風險社會。

◆ 第二節　建議

壹、培訓建議

一、職業多元化

　　由於網際網路蓬勃發展，使勞動力與工作任務在供需之間更具有彈性，而未來專業分工也將日益複雜，因此職業型態會相對多元。為了能因應工作環境的變化，如專職及兼任工作型態的組合、轉職流動性增加、學校與職場的界線模糊化，也會出現勞力外包的群眾模式工作。隨著網路與科技產品的蓬勃發展，使需要者可在任何時間、地點登入雲端平台進行資料存取，也可利用雲端計算平台來分析數據，這將使得未來工作地點選擇也變得更彈性化，辦公室或固定的辦公地點，已經不是唯一的選擇。因此，新興科技發展不僅會改變組織的工作場所，連個人的工作場所也將會有所變化。這有助於員工節省大量時間，彈性化的工作時間，資訊技術的便利性可讓就業者不必拘泥於上班時間工作，未來就業者需要更彈性的工作模式、時間來因應未來新型態工作變化，可將時間用在更有工作效益的地方，更有助於工作的安排，達到更有效率的結果。

二、培訓客製化

　　為因應工作環境及條件的變化，技能證照職能基準的完善發展更為重要。培訓不僅需要分流，更牽涉職業訓練內涵調整方向、教育制度的改革、高等教育供給調

整、新型態數位人力媒合保障及個人技能認證基準等客製化條件。在工作技能培養方面，終生學習、具備工作高度彈性調整能力都是重要課題，且對於跨領域人才及資源整合人才的需求會大量增加。尤其是跨域產業發展之數位技能需求，面臨數位創新趨勢，就業者的數位技能的養成日漸重要，更強調跨領域、軟硬整合之重要性，如溝通能力、創造力、問題解決能力、國際移動及國際語言能力、產業技術能力、資訊使用技能等層面，並為後疫情時代產業轉型或發展奠定基礎。數位技能養成，並非只是學習管道的差異，而是針對特定層級或類型的就業者，而是未來每一位就業者都須因應不同產業及工作職務內容而有不同程度的需求養成。

三、建立多元化培訓管道

在後疫情時代，培訓管道因為科技的發展與環境的需求而顯得更加多元。培訓管道可按不同業別或地域，建立培訓供需對話機制，推動培訓計畫與就業媒合。此外，建置培訓產業資訊平台，披露培訓課程的供給與需求、公告培訓法規及相關培訓資訊，以利民間進入培訓市場。澳門重點產業，包括休閒、博弈、金融物流和國際醫療等，未來將有大量的中高階專業人才需求，宜儲備相關人才。此外，高齡化社會人力需求殷切，中高齡中階人力更顯重要，就業能力有待提升與更新，對領導、服務系統、進階人才培訓課程需求漸增。終身學習的觀念已是趨勢，自我投資意願日增，全亞太地區培訓市場需求大，澳門休閒與博弈產業標竿的優勢，尤其中高階培訓市場潛在需求，應有大幅成長空間，未來可以透過網路科技打造培訓網絡。

貳、企業建議

一、疫情管理能力

在這個特殊時期，企業的人力資源運用應優先考慮的是如何幫助員工面對疫情傳播實施有效的健康保護，確保員工及其家人的健康安全。以及，重新思考企業在疫情衝擊過程中自身的角色與定位，履行企業作為雇主責任，及應該承擔的相關社

會責任和義務。在組織因應方面，企業應評估如何在特殊情況下有效的投入人力資本，畢竟隨著疫情的穩定，企業最終要面對業績和生產經營的壓力。最後，企業要未雨綢繆，吸取本次疫情爆發帶來的挑戰和教訓，完善企業的員工健康管理，職場健康管理標準，及企業應急辦公管理的相關制度，尤其是對員工的健康福利政策及保險安排，需提早設置相應機制。此外，企業更加強重視人力資源面對風險的危機，隨著疫情風險的持續衝擊，人力資源管理中每個環節都會存在危機因素，不會因為措施的實施而永久的消除。企業人力資源管理風險是指企業面對風險時可能面臨的人力資源問題與挑戰，主要包括人力資源配置、績效考核或薪資管理危機等確實存在的問題。企業風險管理與人力資源是一體的，不僅共享風險，還具有企業獨特的或專有的風險，如增值風險、保密風險、競爭風險等，而且這種風險就存在於日常的人力資源管理工作中。企業的目標是永續發展，而人力資源管理的模式也在隨著企業與外界發展動態持續改變，風險產生的形式不斷改變，風險產生的影響範圍也在不斷變化，企業人力資源管理風險是企業發展過程中必須深入思考並加以解決的重要問題。

二、風險管理師資

　　企業應加速培育風險管理人才，開發培訓資源，以滿足企業對跨域數位技能的人才需求。其次，促進產學合作合作共育風險管理人才，媒合區域資源，強化網絡連界，並強化風險管理人才培育。此外，精進風險管理職能基準應用、強化風險數位人才能力，以及投資辦理員工風險管理技能訓練課程，以強化企業風險管理人力資本。其次，與國際接軌，尤其是重點大型企業，應積極爭取國際風險管理人才，加強人才國際交流，使本土風險管理人才養成國際化思維，針對營運重點與管理需求推動專案性延攬計畫，累積專業國際經驗，建構具國際化的風險管理能力，打造事業全球品牌。

三、員工參與管道

　　員工的參與與承諾對成功的風險管理至為重要。員工需瞭解風險管理在保持本身工作環境品質上的效果，並應鼓勵員工主動參與機關風險管理工作。企業主管必

須與基層員工清楚溝通風險管理目標，使其可以評估他們自己在風險管理績效上的貢獻。與企業風險管理績效有關或受其影響的任何個人或團體，會特別關注企業風險管理的指引。因此，應建立與員工溝通風險管理政策的考量與制訂過程。環境改變與社會期待皆是企業的重任。因此，企業的風險管理策略與管理系統皆需定期審查以確保它們的適切性與有效性。重點做法有：企業遵守承諾，主管尤應以身作則並善盡督導之責；確認各級員工均接受適當風險管理等教育訓練，且具備執行風險管理各項工作之能力，以確保機關運作正常；提供必要資源，維持企業風險管理有效運作，持續推動改善活動降低風險。加強員工與利害關係者之溝通，提升全員風險管理認知，提供相關諮詢機制或求助管道，徹底落實風險管理策略。

參、政策建議

一、人力加值培訓

　　政府研擬後疫情產業發展推動計畫，協調、整合各界共同訂定職能基準，引導學校與培訓業者開設符合實際需求的課程，促進培訓機構引進國際課程及認證，提升勞動市場國際競爭力，並擴大海外培訓市場。在內容部分，輔導業者通過訓練品質系統認證，並媒合企業引進資源活絡培訓產業；另方面，可引導大專院校轉型為培訓機構，與在地產業合作，發展專業課程特色，以利整合區域資源。在個人方面，鼓勵個人人力資本投資，簡化個人申請作業流程，適度調整現有計畫資源配置，若屬職能轉換、進階、中高齡就業者，酌予提高補助額度或期程，鼓勵中階人力主動參訓，以提升個人競爭力。此外，協助企業培訓人才，簡化企業申請作業流程，協助中小企業策略聯盟，合作辦理專業職能及經營管理訓練，建立鼓勵企業投資人才之觀念與機制，引導企業投資人才培訓。

二、人才培訓補貼

　　引導及鼓勵民間投入培訓市場，發展民間中高階人才培訓產業，提供在職者及有意轉職者，跨領域專業技能及職能進階之培訓，以縮短學用落差，進而終身學

習。推動在職者進修訓練結合民間訓練單位，以產業發展之人力需求為導向，辦理多元、實務之進修訓練課程，提供在職勞工選擇參訓，並補助訓練費用，以激發勞工自主學習、累積個人人力資本，提升職場競爭力。政府可協助企業依據營運發展需求，辦理員工進修訓練，以擴展訓練效益，持續提升人力素質，累積企業人力資本，提升競爭力。推動失業者職前訓練，以產業轉型與升級需求，提供失業民眾職業訓練機會，提升其就業技能，未來作為企業轉型之基礎。

三、建立風險管理政府

在面對高度爭議的社會風險下，政府應從預防性的角色轉變為風險管理、協調者的角色，對於政策的決定應建立長期溝通協調的機制，並透過此機制統合風險問題，擬定清楚的方針策略，使社會各部門能明確遵守指引，減少社會不安定情緒，穩健個人、家庭、勞動市場與產業的穩定性。推動風險管理係長期性工作宜循序漸進，首先必須加強社會對風險之認知，提升企業與員工風險意識，落實內部環境、目標設定、風險辨認、風險評估、風險回應、控制作業、傳遞資訊、溝通及諮詢、監督作業等互有關聯之組成要素，考量可能影響目標達成之風險，據以擇選合宜可行之策略及設定之目標並透過教育訓練、發展風險管理工具及知能，以提升各單位風險管理能量，營造支持性工作環境，進而形塑風險管理文化。

參考文獻

一、中文文獻

BBC News 中文（2020）。新冠病毒疫情爆發至今大事記。資料檢索日期：2021 年 4 月 19 日。網址：https://www.bbc.com/zhongwen/trad/chinese-news-51382117。

王政彥（2002）。**終身學習社區合作網絡的發展**。台北市：五南。

江振昌（2006）。中國步入風險社會與政府管理轉型——以 SARS 事件為例。**中國大陸研究，**49（2），45-67。

吳明隆、涂金堂（2016）。SPSS **與統計應用分析（修訂版）**。台北市：五南。

李永展（2020）。新冠疫情下的風險社會及可能出路。**經濟前瞻，**189，18-24。

李京、盛綺娜、李明惠、張榮顯（2020）。疫情資訊對澳門居民應對新冠肺炎的心理狀態影響調查。**澳門護理雜誌，**19，1-4。

杜本峰（2004）。基於風險社會的社會政策思考。**中州學刊，**4，186-188。

周桂田（1998）。現代性與風險社會。**臺灣社會學刊，**21，89-129。

周桂田（2020）。驅動新冠肺炎風險治理 2.0。**思想，**41，281-286。

官有垣（2005）。**社會企業在經營管理上面臨的挑戰：以台灣喜憨兒社會福利基金會為案例**。發展公益事業建構和諧社會學術研討會之論文，復旦大學社會發展研究中心：上海。

林琬倩（2014）。**社會企業內部人才培育之研究**（未出版碩士論文）。臺灣師範大學，台北市。

柳志毅（2010）。**澳門人力資源開發研究**。澳門：澳門經濟學會。

洪敬富（2020）。2019 新冠肺炎對人類安全的省思。**亞洲政經瞭望，**43（5），76-82。

孫治本（2001）。個人主義與第二現代。**中國學術，**3（1），262-291。

孫家雄（1999）。培訓人才、準備未來——澳門勞工暨就業司職業培訓的經驗。**行政，**12（46），1247-1252。

孫家雄、孔令彪（2012）。澳門職業培訓政策的回顧與展望。**行政**，25（98），991-1003。

馬毓駿（2020）。前瞻性思考——因應新冠肺炎。**經濟前瞻**，189，37-41。

高武靖（2015）。**組織氣候與精實管理的人才培育對知識分享意願之影響——以社會認知理論觀點探討**（未出版碩士論文）。成功大學，台南市。

張奕華、許正妹（2010）。**質化資料分析：MAXQDA 軟體的應用**。台北：心理。

張博堯（1999）。人才培育的十個省思。**管理雜誌**，300，48-52。

梁文慧（2010）。推行終身學習理念，積極服務澳門社會——澳門科技大學持續教育學院發展紀要。**澳門科技大學學報**，1（4），60-66。

梁文慧（2011）。**澳門持續教育創新發展策略與保障體系綜合研究**。澳門城市大學研究專案。澳門。

盛綺娜、李京、李明惠、張榮顯（2020）。澳門居民新冠肺炎預防行為及心理健康狀況調查。**澳門護理雜誌**，19（2），14-18。

許宏明（1995）。**高科技產業的教育訓練制度與組織績效之相關性研究**（未出版碩士論文）。中央大學，桃園市。

陳惠邦（1996）。德國繼續教育初探。**新竹師院學報**，9，307-320。

馮志宏（2008）。全球化境域中的風險社會。**學術論壇**，2，11-15。

馮祥勇（2020）。危機就是轉機——新冠肺炎後的觀光規劃與發展。**觀光與休閒管理期刊**，8，46-55。

黃英忠（1993）。**產業訓練論**。台北：三民書局。

黃英忠、溫金豐（1995）。外在經營環境與企業教育訓練實施及經營績效關係之研究。**人力資源管理學報**，5，41-60。

黃富順（1997）。建立終生學習社會的要務。**成人教育雙月刊**，35，6-15。

詹棟樑（2001）。**教育哲學**。台北市，五南。

新華網（2020）。新冠肺炎疫情全球動態。資料檢索日期：2021 年 4 月 19 日。網址：http://fms.news.cn/swf/2020_sjxw/3_12_worldYQ/index.html?v=0.6992073738996648。

趙家緯、梁曉昀、翁渝婷、鄞義林、胡祐瑄（2020）。前瞻研究引領後疫情時代新常態。**風險社會與政策研究中心**。資料索引日期：2021 年 7 月 8 日。網址：https://

reurl.cc/ErGqZk。

趙翠芬（2006）。人才培育與社區發展之研究：以桃園縣平鎮市為例（未出版碩士論文）。元智大學，桃園市。

劉小楓（1994）。怨恨社會學與現代性。**香港社會科學學報**，4，128-152。

劉維公（2001）。第二現代（second modernity）理論：介紹貝克（Ulrich Beck）與季登斯（Anthony Giddens）的現代性分析。收錄於顧忠華編，第二現代——風險社會的出路（頁1-14）。台北市：巨流。

潘世偉（2020）。重返職場——新冠肺炎疫情後的調整與準備。**台灣勞工季刊**，64，36-45。

澳門科技大學可持續發展研究所（2018）。**《澳門酒店業未來人才需求調研》簡報**。網址：https://reurl.cc/b2me8d。

澳門特別行政區政府人才發展委員會（2021）。**澳門中長期人才培養計劃——五年行動方案**。資料檢索日期：2021年4月28日。網址：https://www.scdt.gov.mo/zh-hant/talent-development/skilled-talent/。

澳門特別行政區政府統計暨普查局（2018）。**零售業銷售額**。網址：https://www.dsec.gov.mo/zh-MO/Statistic?id=503。

澳門特別行政區政府統計暨普查局（2020a）。**2019年10-12月就業調查**。資料檢索日期：2021年4月28日。網址：www.dsec.gov.mo。

澳門特別行政區政府統計暨普查局（2020b）。**文化產業統計：2019年**。資料檢索日期：2021年4月28日。網址：https://reurl.cc/KboWLy。

澳門特別行政區政府統計暨普查局（2021）。**課程開設一覽表**。資料檢索日期：2021年4月28日。網址：https://www.dsec.gov.mo/zh-MO/。

澳門理工學院博彩旅遊教學及研究中心（2021）。**澳門博彩企業未來人才需求調研（簡報）（2021-2023年）**。網址：https://reurl.cc/2ZQ7xv。

盧宛伶（2010）。**護理人員參與專業繼續教育自我覺知學習成效之研究：Kirkpatrick模式之應用**（未出版碩士論文）。中正大學，嘉義縣。

盧婧宜（2014）。**中高齡者未來準備之學習歷程：前瞻因應觀點**（未出版碩士論文）。中正大學，嘉義縣。

顧忠華（2001）。**第二現代——風險社會的出路？**。台北市：巨流。

W. Lawrence Neuman 著，朱柔若譯（2000）。社會研究方法——質化與量化取向（初版）。台北市：揚智文化。

二、外文文獻

Aspinwall, L. G., & Taylor, S. E. (1992). Modeling Cognitive Adaptation: A Longitudinal Investigation of the Impact to Find Individual Differences and Copingon College Adjustment and Performance. *Journal of Personality and Social Psychology, 63*, 989-1003.

Aspinwall, L. G., & Taylor, S. E. (1997). A Stitch in Time: Self-Regulation and Proactive Coping. *Psychological Bulletin, 121*, 417-436.

Beck, U. (1986). *Risikogesellschaft. Auf dem Weg in einen andere Moderne.* Frankfurt/ M.: Suhrkamp.

Beck, U. (1992). From Industrial Society to the Risk Society: Questions of Survival, Social Structure and Ecological Enlightenment. *Theory, Culture & Society, 9*(1), 97-123.

Beck, U. (1993). Risikogesellschaft und Vorsorgestaat-Zwischenbilanz einer Diskussion. In F. Ewald (Ed.), *Der Vorsorgestaat* (pp. 535-558). Frankfurt: Suhrkamp.

Beck, U. (1994). The Debate on the "Individualization Theory" in Today's Sociology in Germany. In B. Schäfers (Ed), *Soziologie. Uni-Taschenbücher, vol. 1776* (pp. 191-200). Wiesbaden: VS Verlag für Sozialwissenschaften.

Beck, U., Giddens, A., & Lash, S. (1994). *Reflexive Modernization: Politics, Tradition and Aesthetics in the Modern Social Order.* Stanford: Stanford University Press.

Beck, U., & J. Willms (2004). *Conversations with Ulrich Beck.* Cambridge: Polity Press.

Bell, D. (1975). *Die nachindustrielle Gesellschaft.* Frankfurt [u.a.] : Campus-Verl.

Blankertz, H. (1982). *Die Geschichte der Pädagogik: von der Aufklärung bis zur Gegenwart.* Wetzlar, Germany: Büchse der Pandora.

Bode, C., de Ridder, D. T. D., & Bensing, J. M. (2006). Preparing for Aging: Development, Feasibility and Preliminary Results of an Educational Program for Midlife and Older Based on Proactive Coping Theory. *Patient Education and Counseling, 61*(2), 272- 278.

Boundless (2015). Re:"Teaching Adult Education." *Boundless.* Retrieved from: https://www. boundless.com/education/textbooks/boundless-education-textbook/types-of-teaching-2/

teaching-adults-12/teaching-adult-education-/

Cassell, C., Nadin, S., Gray, M., & Clegg, C. (2002). Exploring Human Resource Management Practices in Small and Medium Sized Enterprises. *Personnel Review, 31*(6), 671-692.

Courtvenay, B. C. (1994). Are Psychological Models of Adult Education? *Adult Education Quarterly, 44*(3), 145-153.

Creswell, J. W. (2014). *A Concise Introduction to Mixed Methods Research.* Thousand Oaks, California: SAGE Publications Inc..

Davis, L., & Brekke, J. (2014). Social Support and Functional Outcome in Severe Metal Illness: The Mediating Role of Proactive Coping. *Psychiatry Research, 215*(1), 39-45.

Future Earth (2020). *COVID-19 Can Help Wealthier Nations Prepare for a Sustainability Transition.* Retrieved from: https://futureearth.org/2020/03/13/COVID-19-can-help-wealthier-nations-prepare-for-a- sustainability-transition/

Greenglass, E. R. (2002). Proactive Coping. In E. Frydenberg (Ed.), *Beyond Coping: Meeting Goals, Vision, and Challenges* (pp. 37-62). London: Oxford University Press.

Greenglass, E. R., & Fiksenbaum, L. (2009). Proactive Coping, Positive Affect, and Well-Being: Testing for Mediation Using Path Analysis. *European Psychologist, 14*(1), 29-39.

Greenglass, E., Schwarzer, R., Jakubiec, D., Fiksenbaum, L., & Taubert, S. (1999). *The Proactive Coping Inventory (PCI): A Multidimensional Research Instrument.* 20th International Conference of the Stress and Anxiety Research Society (STAR), Cracow, Poland, July 12-14 1999.doi: 10.1037/t07292-000.

Huselid, M. A. (1995). The Impact of Human Resource Management Practices on Turnover, Productivity, and Corporate Financial Performance. *Academy of Management Journal, 38*(3), 635-672.

Jansen, T., & van der Veen, R. (1996). Adult Education in the Light of the Risk Society. In P. Raggatt, R. Edwards, & N. Small (Eds.), *The Learning Society: Challenges and Trends* (pp. 122-135). London: Routledge.

Kuckartz, U. (2010). *Realizing Mixed-Methods Approaches with MAXQDA.* Marburg, Germany: Philips-Universität Marburg.

Luhmann, N. (1995). *Social Systems.* Stanford: Stanford University Press.

Maliszewska, M., Mattoo, A., & van der Mensbrugghe, D. (2020). The Potential Impact of COVID-19 on GDP and Trade: A Preliminary Assessment (Policy Research Working Paper; No. 9211). Retrieved from *World Bank, Washington, DC.* https://openknowledge.worldbank.org/handle/10986/33605

Organisation for Economic Cooperation and Development [OECD] (2020). *Strategic Foresight for the COVID-19 Crisis and Beyond: Using Futures Thinking to Design Better Public Policies.* Retrieved from https://www.oecd.org/coronavirus/policy-responses/strategic-foresight-for-the-covid-19-crisis-and-beyond-using-futures-thinking-to-design-better-public-policies-c3448fa5/

Ouwehand, C., de Ridder, D. T. D., & Bensing, J. M. (2009). Who Can Afford to Look to the Future? The Relationship Between SES and Proactive Coping Competence. *European Journal of Public Health, 19*(4), 412-417.

Rogers, A. (2002). *Teaching Adults (3rd Ed.).* Buckingham, England: Open University Press.

Saaty, T. (1980). The Analytic Hierarchy Process (AHP) for Decision Making. In Kobe, Japan (pp. 1-69).

Saaty, T. L. (1990). How to Make a Decision: The Analytic Hierarchy Process. *European Journal of Operational Research, 48*(1), 9-26.

Schwarzer, R. (1994). Optimism, Vulnerability, and Self-Beliefs as Health-Related Cognitions: A Systematic Overview. *Psychology and Health: An International Journal, 9,* 161-180.

Schwarzer, R. (1999). Proactive Coping Theory. Paper presented at the 20th International Conference of the Stress and Anxiety Research Society, 12-14, Cracow, Poland.

Schwarzer, R. (2000). Manage Stress at Work through Preventive and Proactive Coping. In E. A. Locke (Ed.), *The Blackwell Handbook of Principles of Organizational Behavior* (Ch. 24; pp. 342-355). Oxford, UK: Blackwell.

Schwarzer, R., & Taubert, S. (2002). Tenacious Goal Pursuits and Striving toward Personal Growth: Proactive Coping. In E. Frydenberg (Ed.), *Beyond Coping: Meeting goals, Visions and Challenges* (pp. 19-35). London: Oxford University Press.

Snape, D., & Spencer, L. (2003). The Foundations of Qualitative Research. In J. Richie, & J. Lewis (Eds.), *Qualitative Research Practice* (pp. 1-23). Los Angeles: Sage.

Suen, L. J. W., Huang, H. M., & Lee, H. H. (2014). A Comparison of Convenience Sampling and Purposive Sampling. *Hu Li Za Zhi, 61*(3), 105.

Tennant, M. (1993). Perspective Transformation and Adult Development. *Adult Education Quarterly, 44*(1), 34-42.

TWI2050-The World in 2050 (2018). Transformations to Achieve the Sustainable Development Goals. Report prepared by the World in 2050 initiative. International Institute for Applied Systems Analysis (IIASA), Laxenburg, Austria. www.twi2050.org. Retrieved from: http://pure.iiasa.ac.at/15347

第 **2** 篇

成人職業繼續
教育現況分析
與比較

第1章　前言

壹、背景說明

　　近年在高科技產業、知識經濟、網路革命衝擊下，知識和技術更新速度加快，數位化經濟浪潮促使人才培育方向必須發展出嶄新思維，部分工作被自動化科技取代，甚至隨著 AI 人工智慧發展，智慧科技服務取代中高級專業技能工作者，這都是近年來人才培育面臨的挑戰。當前人才培育的思維除了須克服技職教育的內在因素「學用落差」外，更須克服國際競爭化的外在因素，像是傳統產業數位化升級、外籍勞工合法引進、全球企業數位轉型等。繼續教育（Continuing Education）是知識經濟時代人才素質強化之主要途徑和基本手段，近年來世界各國無不致力於職業人才的職能發展，以提高人力整體素質，透過適當之評比指標衡量一國之繼續教育現況，可作為國家競爭力參考。

　　面臨全球化潮流與知識經濟競爭，啟動了國與國人才培育品質之競逐，更甚於過去以廠房、設備及空間等為主的傳產業。因應國家經濟成長、人力需求、產業結構改變及社會需要，科技階段性跳躍，以及世界經濟發展趨勢，各國皆致力發展新興教育改革方案，以提升人才培育及競爭力為國家中長程經濟發展目標。瑞士洛桑管理學院（International Institute for Management Development, IMD）在競爭力年報中評比各國內容涵蓋經濟表現、政府效能、企業效能、基礎建設等四大面向，其中企業效能指標除生產力及效率、金融、經營管理外，「勞動市場」更進一步分析員工工作動機、企業重視員工培訓、學徒制、技術勞工、金融財務人才等細項指標，展現對於人力資本的投資與重視。世界經濟論壇（World Economic Forum, WEF）每年的全球競爭力排名，評比內容涵蓋環境便利性（Enabling Environment）、人力資本（Human Capital）、市場（Markets）及創新生態體系（Innovation Ecosystem）等四類指標（Global Competitiveness Index, GCI）。WEF 認為後疫情

時期全球應致力推動經濟轉型，邁入新型態市場；有關後疫情新經濟體系的建立，其中人力資本強調強化未來工作所需技能，除既有正規教育體系外，應推廣終身學習計畫，促進勞工強化未來市場所需技能（國發會，2021）。

21 世紀學習框架，隨著冷戰的結束，在 20 世紀末以及 21 世紀初，迎來了數位通訊科技網際網路 5G 世代的來臨，職業及社會經濟對數位化學習及國際化的視野的需求越來越高，傳統產業職業技術知識的半衰期逐步縮短，對已進入職場工作多年的職業勞工，應能具備主動及自我導向學習能力，培養科技資訊的素養、學習創新的能力及職能的適應性與靈活性，在快速變動的職場中站穩崗位，對個人能符合工作環境需求，避免失業帶來對薪水及生活的衝擊，對社會能穩定經濟持續成長，對國家能提升競爭力。國際組織及經濟發展協會近年來對此問題相當重視，分別提出對職業教育及培訓的方面提出目標與策略方針，期望能藉由推動國家政府對職業教育與培訓的重視，讓全球免於飢餓與貧窮。

本篇緣起於比較教育，欲探討不同地區之成人職業繼續教育現況，許多研究採用職業準備教育，即是學術界的職業教育制度作為比較分析單位，主要原因是職業教育制度深具各地區的代表特色，能藉由職業教育制度中選擇適合在地區內推行的措施，包括聯合國教育、科學及文化組織（The United Nations Educational, Scientific and Cultural Organization, UNESCO）所主持的各國教育統計調查，經濟合作暨發展組織（Organization for Economic Cooperation and Development, OECD）出版的《教育總覽》（Education at a Glance），從職業教育資源、師資、課程品質、證照制度及就業率的現狀，分析調查世界各地及經濟體的職業教育制度。

有研究比較在推動職業繼續教育制度與全民終身學習教育的政策差異，成人參與終身學習最常見的形式為非正規教育，大多數的參與情況是參與和工作職業相關，並由雇主資助之非正規教育和培訓活動。一般人都將「成人教育」和「職業繼續教育」看作是兩件不同的事，「普通成人教育」即為個人在正規學校教育之外，以部分時間參加與職業工作無關但有組織的學習活動。「職業成人教育」則為與職業相關的學習活動，意即個人在正規學校教育之外，以部分時間參加與職業工作有

關之有組織的學習活動（吳明烈、李藹慈、黃彥蓉，2020）。

　　展望 2020 後疫情時代，不論是仍在第二波、第三波疫情大流行衝擊下的地區或是疫情穩定解封的地區，受疫情導致的遠端工作、就業市場萎縮，乃至產業衰退等現象，將嚴重衝擊以實務經驗和學徒制為基礎的職業繼續教育學習模式。

　　本篇目的在探討美國、英國、日本、澳洲及台灣之職業繼續教育狀況，以社會、經濟、教育政策（目標、證照、認證、課程內容、進行形態、師資來源、經費）三大構面，探討不同地區職業繼續教育並列比較，了解各地職業繼續教育之內涵異同處，並提出供職業繼續教育品質提升與借鏡之處，希冀對當前推動職業繼續教育改革有所參考。

貳、名詞定義

　　依據台灣《技術及職業教育法》、《職業訓練法》及聯合國教育、科學及文化組織（簡稱聯合國教科文組織〔UNESCO〕）定義（International Centre for Technical and Vocational Education and Training of the United Nations Educational, Scientific and Cultural Organization [UNESCO-UNEVOC], 2021）：

一、技術及職業教育

　　簡稱「技職教育」（Technical and vocational education, TVE），UNESCO 定義 TVE 是在一般教育之外，包括各種形式及各種層級之教育過程，研習科技與有關科學，以習得和經濟與社會生活各部門職業有關的實用技能、態度、理解與知識之教育歷程。

二、職業繼續教育

　　指提供在職者或轉業者，在學習職場所需之專業技術或職業訓練教育（Technical and vocational education and training, TVET），UNESCO 定義 TVET 是

終身學習的一部分，泛指職業領域中與生產、服務和生計相關的教育、訓練和專業技能發展，可在中學後或大學後參與訓練，包括奠基於工作的學習、繼續訓練及可獲得資格認證的專業發展。包括適合國家和地方背景的廣泛性職能發展，學習如何學習、識讀、計算技能、橫向統整和公民素養的發展皆是 TVET 重要的組成。在美國稱之「職業和技術教育」（Career and technical education, CTE）；在英國稱之為「繼續教育和訓練」（Further education and training, FET）；在東南亞稱之為「職業技術教育與培訓」（Vocational and technical education and training, VTET）；在澳洲稱之為「職業和技術教育」（Vocational and technical education, VTE）。

三、職業訓練

指為培養及增進工作技能而實施之訓練，以培養國家建設技術人力，提高工作技能，促進國民就業。分為養成訓練、技術生訓練、進修訓練及轉業訓練，而在企業或教育和培訓機構中進行實踐和理論培訓、具有教學和專業技能以及經驗的人稱為職業訓練師。

第 2 章 全球性組織推動成人職業繼續教育

壹、聯合國教科文組織

聯合國教育、科學及文化組織（簡稱聯合國教科文組織，The United Nations Educational, Scientific and Cultural Organization, [UNESCO]）致力於推動各國在教育、科學和文化領域開展國際合作，以此共築和平。聯合國教科文組織積極發展以教育手段，消除仇恨、倡導包容，培養全球公民。致力於確保每個兒童和公民都享有接受優質的教育機會、弘揚文化遺產、倡導文化平等、加強各國之間的聯繫，促進科學計畫與政策，以此作為發展與合作的平台。教科文組織幫助各國落實國際準則、管理各項促進思想自由交流和知識共享的計畫（UNESCO，2021）。

聯合國教科文組織下設有國際職業技術教育與培訓中心（International Centre for Technical and Vocational Education and Training of the United Nations Educational, Scientific and Cultural Organization, UNESCO-UNEVOC）專責為會員國強化提升 TVET 準則，是聯合國教科文組織在教育領域開展工作下 8 個機構和中心其中之一，同時是唯一致力藉 TVET 促進聯合國達成使命的組織。UNESCO-UNEVOC 中心源於 1989 年聯合國通過《職業技術教育公約》，認定職業技術教育發展將有助於維護國家間的和平與友好，該中心最初計畫的重點是在發展職業教育體系，於世界各國規劃、研究和發展的 TVET 基礎建設，來促使國際合作。1992 年建置專屬 TVET 機構網際網絡，彌補 TVET 領域缺乏的國際合作平台，持續推動有關 TVET 的倡議。在全球 140 多個會員國的 220 多個 UNEVOC 中心，由部委、國家、培訓和研究機構四種類型，該平台有線上資源，出版刊物如詞彙說明 TVETipedia、世界各國 TVET 概況數據庫、論壇、郵件列表和線上專家會議，進行知識管理、提供情報交換，更培訓各國 UNEVOC 中心的工作人員以順利推廣業務。

2020 年因應新冠肺炎流行對職業、勞動和教育市場產生的衝擊為例，當全球為減緩疫情傳播的緊急措施，如關閉公共機構、學校甚至工作場所，TVET 紛紛轉成線上課程，讓學員能繼續獲得教育和培訓，鑑於此，UNESCO-UNEVOC 2020 年啟動加強 TVET 機構在新冠肺炎後疫情時代的響應能力、敏捷性和彈性的專案（Strengthening the Responsiveness, Agility and Resilience of TVET Institutions for the Post-COVID-19 Era），為期三個月，一系列線上視訊課程涵蓋主題包括數位化、教學創新、觀摩各機構復原狀況與能力，擔當起 TVET 計畫創新實踐中心（Promising and Innovative Practices in TVET）交流的責任。

關於失業率逐年攀升問題，社會在進步和經濟在成長，但仍存在著不平等和貧窮現象，統計資料顯示全球有約 14.4 億勞動人口處於弱勢就業狀態，無論是已開發或是開發中國家都不例外。甚至在某些國家的統計中最富有的 10%人口的收入就占該國收入總額的 30-40%，相比於最貧窮的 10%人口的收入約占國家收入總額僅 2%，這樣數據相當驚人，聯合國教科文組織長程規劃 2030 年教育行動框架（Education 2030 Framework for Action）攸關 TVET 戰略（2016-2021 年），加強會員國在特定領域促進青年就業、取得就業、創業和終身學習機會的 TVET 準則，旨在推動整體落實 2030 年目標「確保包容和公平的優質教育，促進所有人終身學習機會」（UNESCO, 2014）；仁川宣言中提及目標 4.4 到 2030 年，大幅增加掌握就業、合適工作和創業所需相關技能，包括技術性和職業性技能的青年和成年人數（UNESCO. Director-General, 2009-2017 [Bokova, I.G.], 2017）。UNESCO 2014 年提出 2014-2021 年 Education 2030 Framework for Action 中 TVET 優先策略有（1）促進青年就業創業；（2）促進公平和性別平等；（3）促進向綠色經濟和永續社會邁進，三項策略推動終身學習與職業繼續教育訓練（UNESCO, 2014）。

在促進青年就業和創業策略，支持各國為年輕人提供工作和自營職業領域的高品質技能培訓，通過 TVET 解決青年失業率持續攀升問題，支持會員國開展政策審查和改革 TVET，動員不同利害關係成員跨域合作，支持會員國制定高效能的 TVET 資金募集戰略。在促進公平和性別平等：通過 TVET 政策和計畫將性別平等

納入主流並促進公平，以確保所有青年、成年人和弱勢群體，都能平等獲得學習機會和技能發展。在促進向綠色經濟和永續社會邁進，通過適當的規劃跨部門成員合作，邁向綠色經濟。將綠色技能（Green skills）納入 TVET 活動和計畫以利永續發展，消費生產模式採取創新環保方式，透過 UNESCO-UNEVOC 網絡平台、與機構間小組和其他聯合國組織的合作，運用知識共享和標竿學習支持職業教育訓練。還有一件被列為優先事項的是教育所有青年和成年人數位化能力。

UNESCO 透過研究政策建議、強化職能、教師資格和課程內容現代化，加強各國對職場數位化職能學習的認可，建立網絡平台推行 TVET 策略，帶動知識共享及創新實踐，藉由 TVET 專業經驗和資源交流，增強國家間的合作關係，縮短國與國之間的差異，達到和平、公平、包容、永續、合作降低貧窮與失業率、促進社會融合的目標。

貳、經濟合作暨發展組織（OECD）

經濟合作暨發展組織（Organisation for Economic Co-operation and Development, OECD）由全球 38 個市場經濟國家政府所組成的國際組織，致力於為更好的生活制定政策，以促進所有人的繁榮、平等、機會和福祉，與各國政府、政策制定組織和民眾共同建立以實證為基礎的國際標準與衡量指標，幫助各會員國家政府實現永續性經濟增長和就業，促進會員國生活水準提升、保持金融穩定，貢獻世界經濟發展。自 2007 年起持續關注世界各國職業教育訓練（VET）狀況，透過個別國家訪問、分析和發表，進行個別國家相關政策、地區編制、背景審查報告，最終 OECD 總結會涵蓋該國的優勢體制、創新和改革、主要政策挑戰分析，旨在幫助該國在國內背景下更好地了解自己的國家體系，也讓其他國家作為參考憑藉，當然好的 VET 政策與施行無法複製移植，但絕對有方法可以調整與適應自己國家。

OECD 也指出成人教育在幫助成人發展、維護關鍵信息處理技能，以及在其一生中獲得其他知識、技能、態度和價值方面能發揮重要的作用。OECD 分別在

2010 年和 2014 年發布《*Learning for Jobs*》和《*Skills beyond School: Synthesis Report*》兩份重要研究分析報告（OECD, 2014）。在 2021 年 4 月 15 日出版品《*OECD Policy Reviews of Vocational Education and Training (VET) - Learning for Jobs*》系列中，提供對 OECD 有關職業教育訓練相關政策制定指南，重點包含確定職業課程的組合符合勞動力市場需求、強調與時俱進的工作學習、提供可轉移的技能以支持職業流動性和終身學習強化核心學術技能、發展完善的專業職業指導制度、補足入門基本技能、最大限度減少輟學、符合成年人的靈活學習模式、高階課程輔助晉升、傳授管理和創業技能、深化技能提高學歷、師資專業知能及授課品質提升、學徒制範圍加深加廣、建立評估標準化品保制度及善用實證持續進行改善等（OECD, 2020a）。

OECD 於 2020 年出版《*Education at a Glance 2020*》，重點放在各國的職業教育與培訓上，提供各會員國家豐富的比較指標，代表學術界及各國專家學者逐漸對職業教育與培訓這主題的重視，透過各國的數據作為推動 VET 的成效指標參考（OECD, 2020b）。OECD 會員國家，許多年輕人進入職業課程。有時這些課程與工作場所在職訓練相關，有時是正式的學徒制，在工作中學習與在校培訓交替進行。儘管存在國際多樣性，但一些共同的問題和挑戰依然存在。例如在學員和雇主中要如何平衡提供職業訓練的需要；職業教育教師和職業訓練師所需的技能；充分利用工作場所培訓的好處；吸引雇主和工會介入的最有效模式；如何制定更好的勞動力市場結果衡量標準，並在各國之間進行比較。

在所有參加成人教育調查的國家中，平均有 44% 的在職成人參加過至少一項與工作有關，並由雇主贊助的非正規教育和培訓活動；另外有 9% 成人參加至少一項與工作無關，雇主沒有補助的非正規教育和培訓活動。平均而言，員工人數較多的大型企業提供的職業培訓多於小型企業，課程形式的培訓成本占員工人數 249 人以上的企業總勞動力成本的 2.1%，在員工人數 50-249 人的企業中占 1.5%，員工人數 10-49 人的企業中占 1.3%（OECD, 2020b）。

對於 OECD 成員國而言，高階工作技能是支持經濟增長的關鍵手段，職業繼續教育制度的重要性日益彰顯，以確定所需的工作技能是否與日俱進符合經濟發展所需，這也是經合組織希望幫助各國使其 VET 系統能響應勞動力市場的需求，由上可知職業教育與培訓課程品質保證系統、專業指導知能和制度健全都是不變的政策重點。

第3章 成人職業繼續教育現況

　　一般而言，評估一國之勞動力市場狀況常使用「勞動力參與率」與「失業率」。其中，勞動力參與率是衡量一國人力參與經濟活動狀況的一個指標，計算方式是以勞動力占 15 歲以上民間人口的比率，也就是在 15 歲以上民間人口中有參與勞動的比率，而勞動力是經濟活動人口就業者與失業者加總，無論是就業者或失業者的增減，都會影響勞參率的升降，也同時受 15 歲以上民間人口數中，具工作意願且積極找尋工作比率影響。下圖 2-1 為台灣、美、英、澳洲、日本之勞動力參與率，由圖 2-1 可知 2018-2020 年間，以澳洲的勞動力參與率最高，其次為英國與美國，日本及台灣較低。失業率是一地區失業人數占勞動力之比率，圖 2-2 是 2017-2020 其間上述地區之失業率。由圖 2-2 可知，2020 年失業推論受新冠肺炎疫情流行因素影響，失業率較過去幾年明顯地高出許多，若以 3 年的失業率平均值來論，日本的平均失業率在這些地區中相對低，澳洲平均失業率 5-6%之間則相對較高。

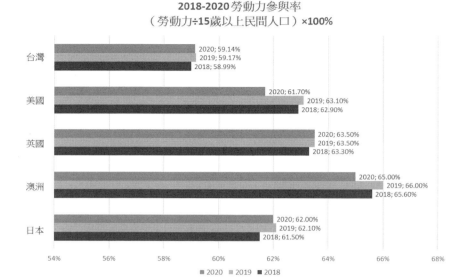

圖 2-1　2018-2020 年間勞動力參與率

資料來源：整理自 1. 勞動部「國際勞動統計」MOL-international Labor Statistic；2. OECD (2021a). *Labour Force Participation Rate (indicator)*. doi: 10.1787/8a801325-en (Accessed on 06 July 2021).

　　以下就各地區的行政主管機關、職業繼續教育經費取得及施行方案，包括訓練成效（如證照認證發放制度）分別論述，由於職業繼續教育對象多元以及由於教育制度設計的不同，職業養成教育、職業繼續教育會與教育界及勞動界互動，會受政府視之為社會福利救濟社會弱勢族群就業問題，抑或是地區經濟發展競爭力、學員自主終身學習提升職能參與訓練、資格認證發放以銜接高等教育取得學歷等影響而有不同。

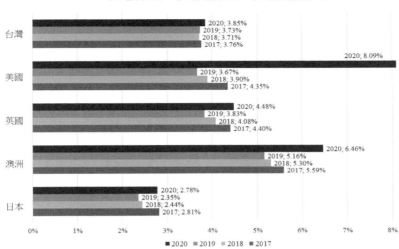

2017-2020 失業率
（15歲以上，平均失業人口÷平均勞動力）×100%

圖 2-2　2017-2020 年間失業率比較圖

資料來源：整理自 1. 勞動部「國際勞動統計」MOL-international Labor Statistic；2. OECD (2021b). Unemployment rate (indicator). doi: 10.1787/52570002-en (Accessed on 06 July 2021).

壹、美國成人職業繼續教育現況

一、職業教育之演進與管理

　　美國視職業繼續訓練為短期的職業教育與推廣教育，統稱職業教育與訓練 VET（Vocational Education and Training）。由美國勞動部網站（Department of Labor Logo United States Department of Labor [U.S. Department of Labor], 2021）資料顯示，職業繼續訓練的中央主管機關是勞動部就業與訓練署（Employment & Training Administration, ETA），負責管理聯邦政府的工作培訓和失業者職訓計畫，透過各州和地方勞動力發展系統提供高品質的工作培訓、就業、勞動力市場資訊流通和維持勞動薪資收入服務。美國職業教育發展經國會及聯邦的努力，透過教育法案推展與實施，歐洲的學徒制（Appreticeships）是美國職業教育的雛形，透過實

作，師傅授與學徒職業的技能和知識，1917 通過《國家職業教育法案》（The National Vocational Education Act of 1917）是最早通過的技職教育法案，也是第一個補助高中階段職業教育的法案，最大貢獻在促進職業教育的蓬勃發展、建立雙元教育體系及對職業教育補助的法制化，1963 年《職業教育法案》（Vocational Education Act of 1963）將聯邦政府補助職業教育的範疇擴大，是美國技職教育蓬勃發展的主要因素。1971 年生涯教育運動（Career education movement of 1971）強調課程的銜接（Articulation）各級學校的教學與統合（Integration）學校與職場學用差距，觸動美國技職教育的轉型。1984 年的《柏金斯職業教育法案》（C. D. Perkins Vocational Education Act of 1984）是因應美國環境變動而訂定的法案，將技職教育功能成為社會福利或救濟的一部分，加強特殊需要者的職業教育。《勞動力投資法》（Workforce Investment Act），要求各州應於地區建置全方位傳輸系統（Careeronestop One-Stop Delivery Systems）及勞動力投資委員會，亦即設立綜合中心提供就業、教育及人力資源等各項服務，不僅包括資訊之傳遞，同時亦促使成人快速獲得所需之各項支援服務（由美國勞動部就業與訓練署負責）。

美國國會於 2003 到 2004 年間，陸續制定《成人基礎及素養教育法》（Adult Basic and Literacy Education Act of 2003）、《勞動力再投資及成人教育法》（Workforce Reinvestment and Adult Education Act of 2003）及《卡爾迪柏金斯中等及技術教育卓越法案》（Carl D. Perkins Secondary and Technical Education Excellence Act），取代原有規範內容，進一步強化社會夥伴，如工會組織、企業、社區資源，勞動力投資，提供成人更完備之教育與訓練管道。

二、職業繼續教育經費取得及施行方案

2019 年 7 月美國施行加強《21 世紀職業與技術教育法案》（Strengthening Career and Technical Education for the 21st Century Act，又稱 Perkins V 法案）將過往授權聯邦每年提供中學及大專校院職技教育班制約 1.2 億美元經費支持重新授權，每年為職業和技術教育（Career and Technical Education , CTE）提供近 13 億美元（U.S. Department of Education）聯邦資金，同時各州擁有更大的靈活性，以滿

足對學員、教師和雇主的特殊需求。新法案的四項重點變革：賦權各州與地方社區領導、改善與業界所需工作的準則、提高透明度和績效責任、規範聯邦的角色定位。換句話說，新法案透過促進課程銜接與產業整合，加強績效責任制，提高學員的學術和技術成就等，更著重在系統校準和班制改善兩大面向，以確保職技教育班制的提供更符合學習者和雇主不斷變化的需求。同時允許各州在無需教育部長批准下制定自己的技職教育計畫績效表現目標、要求各州朝這些目標取得進展，聯邦政府給予各州更大的自由度，對提高教育資源使用的靈活性和效率會有積極影響，Perkins V 法案降低了傳統上聯邦政府對地方政府資助時的要求和條件（李隆盛，2018）。

美國的公共職業訓練教育系統由分散的結構組成，控制權來自地方、州和聯邦各級。聯邦政府沒有直接管理州和地方職業訓練教育。相反，聯邦政府頒布立法，向各州提供職業訓練經費。賦予每個州教育的責任，美國聯邦政府為州內的每所公立學校創建了一個框架，框架中關於課程、具體課程內容和課程級別的決定是在州或地方層面負責。州分為學區或地方教育機構，由地方委員會組成，該委員會由來自學校地理區域的當選公民組成。地方委員會旨在確保教育呼應當地價值觀和優先事項。

三、訓練結果之認證作法

美國教育行政主要是由各州負責、聯邦參與、地方運作。美國當前各州和地方的技職教育班制主要在 13 個職業領域（農業與自然資源，商業管理，商業支援，傳播與設計，電腦與資訊科學，教育，消費者或個人服務，工程、建築與科學技術，健康科學，製造、營建、修護與運輸，行銷，防護服務，公共、法律與社會服務），提供學員在職場就職和發展所需的知識、技能和實作經驗。地方教育機構（其中有 14,000 多個）對美國的 TVET 管理負有主要責任。地方機構在受聯邦立法影響很大的州立法和法規框架內運作。

政府機構跟專業組織會依照勞工的職業技術與能力發放執照（License）與認證（Certification），前者主要是由政府許可機構頒發，授予從事特殊職業的合法證明，是需要符合特定的標準，例如擁有學位或通過國家考試後發放；後者是由專業組織或其他非政府機構授予，法律上沒有要求從事此種職業需要證明，而是展示完成此特定工作的能力，通常是通過考試取得，但是非必須具備之文件。美國勞動部統計調查 Current Population Survey（CPS）數據顯示，2018 年美國有超過 4,300 萬人持有專業執照或認證，相較與沒有證明文件的勞工，擁有一份有效證書或執照的人有較高的勞動參與率，較低的失業率。

根據 UNESCO 在 2019 年資料顯示美國總人口數約 3.282 億，在 2017 年青年和成人在過去一年內參與正規和非正規職業教育和訓練約占 59.4%，其中參與職業教育訓練課程的 15-24 歲人口占 1.3%。在社會經濟，2019 年的 GDP 為 214,332 億美元，人均國內生產總值 65,297.5 美元。2020 年統計勞動力參與率（占 15 歲以上人口總數的百分比）為 61.4%，其中以服務業就業占 78.7%為最高，工業就業占 19.9%為其次，農業就業率為 1.4%，青年失業率約 17.9%（UNESCO-UNEVOC, 2022a）。

四、與正規教育制度銜接與互動

下圖 2-3 正規教育系統與職業教育的銜接圖，學生在小學 6-8 年後，通常在學術、職業或技術中學繼續學習 4-6 年課程，通常在 18 歲之前完成高中課程直到 12 年級。繼 12 年的義務教育後，共約有 1,250 萬高中生和大學生在 CTE 就讀。職業性質高中雖也有學術性課程但提供更密集的職業選修課程，以便適應學生將來就業需求。決定繼續接受教育的高中畢業生可進入技術或職業機構、兩年制社區或初級學院或四年制學院或大學就讀。兩年制大學通常提供標準的 4 年大學課程的前 2 年以及一系列終端 TVET 課程。在兩年制大學完成的學術課程通常可在 4 年制學院或大學轉學。中學後 TVET 還包括來自專門型高中、成人學習中心、專業協會或工會以及政府機構的經費補助。

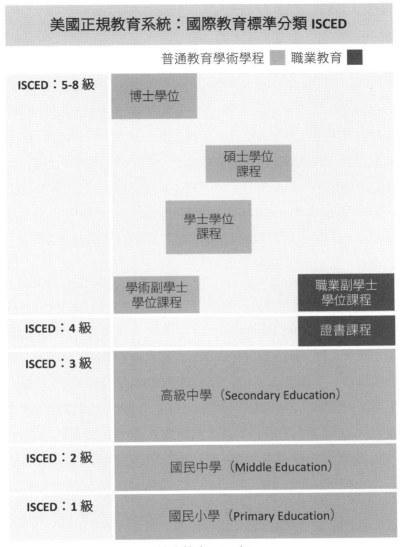

圖 2-3　美國正規育系統圖

資料來源：UNESCO-UNEVOC (2010).Formal Education System in the United States. UNESCO-UNEVOC. https://unevoc.unesco.org/home/Dynamic+TVET+Country+Profiles/country=USA.

貳、英國成人職業繼續教育現況

一、職業教育之演進與管理

　　英國職業教育的推行方式與美國相似，美國早年沿用當年歐洲的學徒制（Appreticeships）。英國學生接受完 11 年的義務教育後，如選擇就業的話，可以參加職業訓練課程或是參加學徒訓練，學徒領有正式的工資，同時可以接受職業訓練，取得職業證照。教育與技能部並未設置單一體系的訓練機構負責，職業訓練是利用各公私立的學校、專業團體與私立訓練公司等訓練資源來辦理，如擴充教育學院（Further education colleges, FEC）、專科學院（Specialist College）、第六學級學院（Sixth-form College）等均提供不同型式的職業教育或訓練證照課程，有全時制或部分工時制，學員可以依職業需求修習各種職業證照。

　　2016 年英國商業創新和技能部和教育部（Department for Business Innovation and Skills and Department for Education）共同製定 Post-16 Skills Plan 技能計畫為職業教育框架，旨在支持年輕人和成年人獲得終身持續的職能，以滿足就業及經濟的需求。依學院協會（Association of colleges）的 College key facts leaflet 2021 年統計，英國有 326 所學院，英格蘭占多數有 234 所，其中一般擴充學院 163 所為多數，約可提供 170 萬學員的教育訓練，其中成人約 100 萬人，16-18 歲約 65 萬人。約有 18.8 萬人（16-18 歲為 5.5 萬人）於學院接受學徒制職業訓練。

　　依 1992 年擴充與《高等教育法》（Further and Higher Education Act 1992）規定，擴充教育經費補助委員會，為負責補助擴充教育的法人機構。擴充教育是指為已逾義務教育年齡之國民所提供包括職業、社會、體育及娛樂等方面的訓練（Vocational, Social, Physcial and Recreational training），擴充教育屬於中等教育及高等教育間生活知能及職業訓練的補充教育，生活知能有許多有關閱讀、寫作、基礎數學課程是免費的，針對失業者職業訓練多數狀況下可以免費，或可申請統一福利救濟金（Universal Credit）。

二、職業繼續教育經費取得及施行方案

　　在推動企業職業訓練費用，早年曾採取強制方式實施職業訓練稅金制度（Training Levy and Grant System），現改以推行聯合投資（Co-investment）鼓勵與提升企業訓練。英國政府於 1993 年開始推行現代學徒制（Apprenticeships），宣稱「要讓學徒制學習成為 16 歲以上青年的主流選擇」。英國的學徒制也是高等教育的另一種途徑，它是一個基於工作的學習計畫，讓學員「在學習的同時賺錢」。通過學徒制度，學員將獲得所選專業相關的實踐經驗和國家認可的專業資歷。自 2017 年起學徒稅制度（Apprenticeship levy）讓英國企業主們站在資助和培養學徒的中心位置，每年工資支出超過 300 萬英鎊的英國雇主都需要拿出給付總薪資的 0.5%用於學徒稅，這些企業可以獲得代金券作為回報，用在官方認可的學徒培訓課程上。雇主需要向英國海關和稅務總署（HMRC）繳納學徒稅、註冊在線帳戶、僱傭學徒、使用「代金券」繳納培訓費用、然後享受培訓服務。學徒稅制度旨在提高英國的技能水平，期望學徒稅能在支持生產力和商業發展方面發揮重要作用，不過在蘇格蘭、威爾士和北愛爾蘭情況則有所不同。聯合投資適用於對於員工超過 50 人的非徵稅企業，自 2019 年起政府支付 95%的學徒培訓費用，由雇主負擔 5%，至達到最高資助範圍。

三、訓練結果之認證作法

　　英國有完整的職業能力（學力）檢定與證書制度（National Vocational Qualifications, NVQ）證書體系，涵蓋大多數職業領域是一種以職業能力為本位、以工作場域考核為依據、以證書品質為生命的新型國家職業資格證書制度，強調綜合職業能力的培養。英國的職業教育體系是教育與培訓並進的，英國為 19 歲以下青年免費提供職業教育，19-20 歲青年需要承擔 50%的費用，而 20 歲以上青年則需要支付全部費用。不論是技能培訓還是學歷教育，幾乎都需要認證機構認證（Accreditation），因為認證代表著標準。

　　英國國家職業資格證照委員會（National Council for Vocational Qualifications, NCVQ）於 1986 年成立並規劃出職業證照的平台，以符合就業與個人需求，繼國

家職業資格（National Vocational Qualifications, NVQs）作為行業需求的標準，亦是以能力為基礎，提供兼具理論與實用的技能及工作職場需要的證書；1992 宣布設立全國統一的國家普通職業資格（General National Vocational Qualification, GNVQ）證書，英國國家職業資格委員會（NCVQ）為統整與發展 GNVQ 資格檢定的主管機構，其課程包括相關旅遊業、製造業、商業、保健與社會護理及工藝與設計等五個領域。

英國教育部於 2017 年提出的新制度 T-Level 課程來提供 16 歲以上英國青少年，有別於傳統學徒制（Appreticeships）外的另一種技職教育制度，目標是打造世界級技職教育課程，融合理論授課、實地操作與產業實習等多元方式，確保取得資格的學員符合業界發展的需求，提升英國勞動力的競爭優勢（教育部，2020b）。

T-Level 課程規劃於 2020 到 2023 年間，陸續完成 25 個 T-Level 課程的開辦，現階段 T-Level 課程的首次教學計畫由三個特定職業開始：（1）數位生產、數位產業設計和開發、（2）建築業設計、測量和規劃、（3）教育和育兒行業，未來期望能確保英國境內所有招收 16-19 歲的繼續教育機構（further education providers），均有能力提供部分 T-Level 課程。英國教育部亦擇定出認證機構及相關經費與資源，包含補助課程、教育機構、宣傳費用以及實習企業。

四、與正規教育制度銜接與互動

英國 Institute for Apprenticeships and Technical Education 未設置公共職業訓練機構，各樣的機構與組織提供非正規和非正式培訓，包括公私營企業、志願組織、健康和護理服務、專業教育和註冊機構以及工會。Unionlearn 是工會大會（Trades Union Congress）的學習和技能組織，支持工會的學習和技能工作。除非該職業訓練有特定要求專業證書，否則繼續專業發展和非正規培訓通常是自願參加，成人教育和勞動力繼續培訓方面的參與率很高，在 2013、2015 和 2017 年分別對英國工作場所中雇主調查，在過去一年內有 66%為員工安排了在職或失業培訓，在職培訓多受員工歡迎。

　　根據 UNESCO 調查英國在 2016 年青年和成人在過去一年內參與正規和非正規職業教育和訓練約占 52.1%，其中 15-24 歲人口參與職業教育訓練課程占 19.3%。在社會經濟面，2019 年的 GDP 為 28,291 億美元，人均國內生產總值 42,330.1 美元。2020 年統計勞動力參與率（占 15 歲以上人口總數的百分比）為 62.8%，青年失業率占 10.5%，其中以服務業就業占 80.8%為最高，工業就業占 18.1%為其次，農業就業率為 1%（UNESCO-UNEVOC, 2022b）。

　　下圖 2-4 英國正規教育系統與職業教育的銜接圖，於 11 年的義務教育中等教育（Secondary education）又分為初等中學（Lower secondary education）及高等中學教育（Upper secondary education），初等中學修業年限三年，而高等中學教育則提供一般學程與職業學程兩種選擇。一般學程修習年限為一至二年，畢業授予高級普通教育證書（The Advanced Level General Certificate of Education GCE A-level, A-level）或相當等級之證書，而職業學程修習年限原則為一至二年，並授予普通國家職業資格證書（GNVQ）或其他證書，以利學習者接受較高層級之技術與職業教育或進入職場就業。義務教育階段後之教育除接受高等教育外，其餘概稱為擴充教育（Further education）階段。擴充教育學院（Further education college）不僅提供技術及職業教育，亦開設術科、英語及大學銜接課程。現代學徒學程（Apprenticeship Programmes），提供 16 歲以上非全時制教育讓住在英國的年輕人一邊工作及一邊學習技能，視其所獲得的證書需要 1-5 年的時間，完成擴充教育能取得第三級國家職業資格證書（NVQ 3 qualification）。

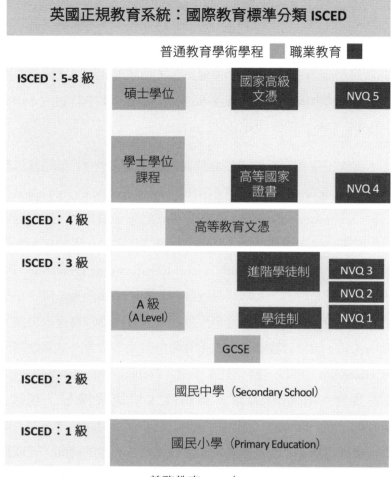

圖 2-4　英國正規育系統圖

資料來源：UNESCO-UNEVOC (2019). Formal Education System in the United Kingdom. UNESCO-UNEVOC. https://unevoc.unesco.org/home/Dynamic+TVET+Country+Profiles/country=GBR.

參、澳大利亞（澳洲）成人職業繼續教育現況 ─────

一、職業教育之演進與管理

　　澳大利亞以職能為教育之本，並透過企業主導職訓模組，讓人才培訓內容因應產業調整。澳大利亞的職業訓練模式類似美國的 VET，職業教育與培訓是澳大利亞教育體系的重要一環。根據 2011 年《國家職業教育與培訓管理辦法》（National Vocational Education and Training Regulator Act 2011），澳大利亞的職業教育訓練部門是圍繞政府、職業教育與培訓機構和行業代表機構之間的夥伴關係組織運作的。澳大利亞政府教育、技能和就業部以及州和領地政府負責制定職業教育訓練政策，澳大利亞聯邦政府和八個州和領地政府共同組成技能國家內閣改革委員會（Skills National Cabinet Reform Committee）是職業教育與培訓系統的最高決策機構，負責職業教育訓練系統的治理、監管和支持。此外，還有其他幾個機構／組織在澳大利亞職業繼續教育的治理中發揮作用。其中之一是澳大利亞國家工業技能委員會（Australian Industry Skills Committee, AISC），它在職業教育與培訓部門的政策方向上為工業提供正式的角色，主要關注訓練模組的開發和品質保證。該委員會的運營部門是技能服務組織（Skills Service Organisations, SSO）和行業參考委員會（Industry Reference Committees, IRC）。IRC 是在訓練模組中考慮行業要求的機制，由與行業有密切聯繫的人員組成。IRC 的工作得到 SSO 的支持，SSO 幫助 IRC 提供秘書處服務、為 IRC 行業領域準備技能預測，並協助開發和審查訓練模組。

二、職業繼續教育經費取得及施行方案

　　JobTrainer 基金於 2020 年啟動，將通過在技能短缺的領域提供免費或低收費的培訓名額，為數十萬求職者、離校生和年輕人提供支持。澳大利亞政府在 2021-2022 年間，預算 64 億澳元投入基礎建設為未來培養技能，在新冠肺炎後疫情時期培養澳大利亞經濟蓬勃發展所需的技能。在預算案中，政府在改革和技能投資基礎上提供更多的學徒制（Apprenticeships），並進一步投資於免費或低收費的培訓場

所。增加培訓名額部分，政府將額外撥款 5 億澳元，由州和領地政府配套，將 Job Trainer 基金再擴大 16.3 萬個名額，並將該計畫延長至 2022 年底。政府將額外支出 27 億美元在支持學徒制部分，以擴展促進學徒開始計畫。這項以需求為導向的計畫預計將在 12 個月內向企業支付 50%的工資補貼，為 2022 年 3 月 31 日前簽約的新學徒或實習生提供支持，從而支持超過 17 萬名新學徒和實習生。補貼上限為每季度 7,000 美元／每個學徒或實習生。通過積極支持成長型企業招收新學徒和實習生來兌現政府建立技術工人管道的承諾，政府還為 5 千名婦女提供了開始非傳統學徒培訓的途徑服務（計畫名稱：Australian Government Budget 2021-22）。

三、訓練結果之認證作法

澳大利亞職業教育訓練課程主要由立案訓練機構（Registered Training Organisations, RTO）所提供，RTO 如同廣義學校，澳大利亞約 5,000 餘所 RTOs，其包括公立、私立、社區及企業等不同類型，其中又以公立技術及繼續教育（Technical and Further Education, TAFE）學院、大學 TAFE 部門及澳太技術學院（Australia-Pacific Technical College, APTC）為主，提供澳大利亞約 80%職業教育與訓練課程（王佑菁，2015）。僅有立案訓練機構，才可核發全國認可證書、文憑或訓練證明，且職業教育與訓練證書（Certificate）及專科文憑（Diploma）課程間不僅可獨立亦可交互貫穿，構成不同模組。依據澳大利亞公立技術及繼續教育聯盟（TAFE Directors Australia, TDA）統計，2019 年，TAFE 學院為近 78 萬名學員提供了 1,200 多門課程，享受政府資助培訓的大部分份額。TAFE 是澳大利亞大部分核心技能職業以及澳大利亞主要產業的職業教育訓練的重要合作夥伴。

依澳大利亞訓練品質架構（Australian Quality Training Framework, AQTF）2010 年版立案的訓練機構（Registered Training Organization, RTO），至少每 5 年需要經過嚴格的評估程序，通過評鑑才能繼續開授某些課程，否則將被取消機構的立案，或機構授予之學歷資格及證照無法被政府或業界採認（黃俐文，2012）。

四、與正規教育制度銜接與互動

　　2013 年澳大利亞資歷架構委員會（Australian Qualifications Framework Council）將澳大利亞學校教育、職業教育與訓練及高等教育所頒發資歷銜接成一個全國性體系。經由澳大利亞資歷架構，將可輕易從一項資歷轉銜進入下一項資歷，或者從一所學校轉換至另一所學校就讀，並可靈活進行就業選擇與規劃，澳大利亞資歷架構中所有的資歷，都有助於繼續進修或為職涯發展奠定基礎。該架構採取分層組織，以不同程度與不同類型的資歷作為區分基準，各自皆有呼應且分層的學習成果。AQF（Australian Qualifications Framework, AQF）於 1995 年創辦，是澳大利亞政府制訂來監管教育和培訓的國家政策，AQF 係澳大利亞中等教育後期學校、職業教育與訓練及高等教育部門間全國性資格認可與轉換的單一且全國一致性的架構。它將每個教育和培訓部門的資格納入單一的綜合國家資格框架，旨在鞏固澳大利亞的國家資格體系，包括高中教育證書，高等教育，職業教育和培訓以及各類學校。

　　OECD 在 2017 年 9 月先公布了國際成人技能的調查報告，旨在透過 33 個國家成年人的基本技能檢測，以展示這些技能如何與經濟和社會成果相關，幫助各國確保制定更好的技能政策。此《澳大利亞全民的技能建設：成人技能調查的政策見解》（*Building Skills for All in Australia Policy Insights from the Survey of Adult Skills*）報告探討了澳大利亞技能制度的主要優勢以及可以提升表現的領域為何，同時也強調了澳大利亞與其他國家的比較以及對政策制定的意涵（OECD, 2017）。

　　根據 UNESCO 資料顯示澳大利亞在 2020 年總人口數約 2,570 萬，在 2017 年參與職業教育訓練課程的 15-24 歲人口占 19.9%。在 2020 年社會經濟 GDP 為 13,278 億美元，人均國內生產總值 55,692.8 美元。在 2020 年勞動力參與率（占 15 歲以上人口總數的百分比）為 64.9%；2017 年青年失業率占 8.9%，2019 年的就業分布以服務業就業占 78.4%為最高，其次為工業就業占 19.1%，農業就業率為 2.6%（UNESCO-UNEVOC, 2022c）。

　　下圖 2-5 為澳大利亞正規教育系統與職業教育的銜接圖，於 10 年的義務教育，澳大利亞學生念完義務教育後，可選擇進入高中就讀 11 和 12 級，準備升大

學；此外，亦可選擇進入公立技術與繼續教育學院接受職業教育或學徒訓練（Apprenticeship）。念完 12 級之畢業生若不升學大學，亦可選擇就讀職業教育與訓練機構，習得一技之長。

圖 2-5　澳洲正規教育系統圖

資料來源：UNESCO-UNEVOC (2018). Formal Education System in the Australia. UNESCO-UNEVOC. Retrieved from https://unevoc.unesco.org/home/Dynamic+TVET+Country+Profiles/country=AUS .

肆、日本成人職業繼續教育現況

一、職業教育之演進與管理

　　學校職業教育、公共職業教育、事業機構職業教育構成日本的職業教育三個體系。日本職業訓練與《學校教育法》（1947 年第 26 號法）密切相關，教育系統中的職業教育機構／學校可分成：技術學院（Colleges of Technology）、專業培訓學院（Specialized Training Colleges）、綜合學校（Miscellaneous Schools）。

　　厚生勞働省內設職業能力開發局，各都道府縣設置專職公共職業訓練機構（日本稱職業能力開發機構），指在都道府縣政府設立和運營的職業能力發展促進中心（技術中心）、殘疾人職業能力發展學校和職業能力發展學院等，提供職場新鮮人進行職業技能訓練，對已經就職者、離職者、畢業生等提供職能開發和提升技術的職業訓練，除公共職業能力發展促進中心實施外，會外包給民辦職業學校、大學等執行。事業主職業教育是指政府公共訓練機構之外由企業、社團、財團、公會團體等實體機構為在職者提供的職業訓練；教育訓練的內容為技術教育、技能訓練、經營教育、職能品質提升教育等。民間機構提供的訓練主要分為三個部分，包括企業內部培訓、職業執照培訓／課程、其他技能發展計畫。日本企業所需技能型人才，主要由企業培養，形成獨具特色的企業職業教育模式。

　　2021 年 3 月厚生勞働省根據《職業能力發展促進法》第 5 條規定，制定「第 11 次職業能力開發基本計畫」規劃未來五年日本職業能力發展措施的基本政策，作為職業培訓、職業能力評價等職業能力發展的基礎。規劃發展戰略為支持企業人力資源開發、支持職工自主職業發展的人力資源發展戰略，並確定職能發展措施的方向，採取措施促進技能評估、實習與轉移，促進國際合作（厚生勞働省，2021）：

　　1. 基於產業結構和社會環境變化促進職業能力發展：基於經濟社會體制改革朝著實現社會 5.0 的方向推進，加強適應時代需求的 IT 人力資源等人力資源開發，利用職業能力發展領域的新技術，用好企業，加強人力資源開發。

2. 促進職工自主、獨立的職業發展：針對勞動力市場不確定性增加和工作年限延長，支持明確職業規劃，從多角度改善學習環境，使勞動者能夠順應時代需求提高技能。

3. 加強勞動力市場基礎設施：著眼於中長期就業實踐的變化和工人自主職業選擇的擴大，將推動公共職業培訓作為就業安全網和職業評估工具的發展。

4. 促進職業能力發展，實現全員參與：根據個人特點和需求提供支持措施，使每個人都能逐步提高自己的技能。

人力資源開發會規定發放雇用關係助成金費用補助，補助會依「雇用關係助成金支給要領」發放，如在職進修補貼、轉業補貼、招聘相關補貼、與改善就業環境有關的補貼、工作家庭平衡支援關係補助金等、人力資源開發相關補貼及與工作條件等相關的補貼。其中招聘相關補貼是指招聘任特殊族群，如殘疾人士、高齡再就業、新型冠狀病毒感染蔓延而被迫離職及在東日本大地震後離開公司的員工等。參加職業教育訓練所支付的部分費用，將挹注支持職工自主能力發展工作或中長期職業發展、穩定就業、促進再就業。對特殊身分（如 45 歲以下）參加失業培訓者，可接受教育培訓支持福利。

二、職業繼續教育經費取得及施行方案

厚生勞動省對培訓機構提供的課程有一定的經費補助規範，針對民營的培訓機構會發放職業培訓服務指南符合性機構認證標誌，有利於獲得認證的機構能宣傳其職業培訓服務品質。根據〈職業能力發展促進法實施條例〉對想擔任職業訓練的講師，就像是學校老師一樣須先取得證照，目前規定職業訓練師的持證職業共 123 類職業，講師必須完成與許可職業相關的講習 48 小時，並通過職業技能考試才能具有資格，向督道府縣提出證照申請，取得證照後，可以在日本的公共職業能力培養機構擔任職業訓練師，如都道府縣設立和運營的職業能力開發設施、殘疾人職業能力發展學校、職業能力發展促進中心（理工中心）、職業能力開發學院／職業能力開發專科學校、司法部懲教所擔任法律工程師或是在經認證的職業訓練機構擔任職業訓練師。經過合格程序後，將能取得圖 2-6 之職業培訓服務機構認證標誌。

圖 2-6　日本職業培訓服務指南符合性機構認證標誌

資料來源：厚生勞働省（2021）。職業訓練サービスガイドラインに関する施策について。資料檢索日期：2021 年 7 月 9 日。網址：https://www.mhlw.go.jp/stf/seisakunitsuite/bunya/koyou_roudou/jinzaikaihatsu/minkan_guideline.html。

　　根據 2019 年的年度「能力發展基礎調查」結果，57.5%的公司負擔了員工教育和培訓費用，企業平均每位員工的 OFF-JT（Off-the-job-training）費用為 19,000日元，每位員工的自我發展支持費用平均金額為 3,000 日元，大約五分之一的公司製定內部能力發展計畫並任命職業能力發展促進者（參考自厚生勞働省，2020a）。

　　根據 UNESCO 資料顯示，日本在 2020 年總人口數約 1.258 億，在社會經濟面，2020 年的 GDP 為 50,578 億美元，人均國內生產總值 40,193.3 美元。2020 年統計勞動力參與率（占 15 歲以上人口總數的百分比）為 62%，而 2019 年服務業就業占 72.4% 為最高，工業就業占 24.2% 為其次，農業就業率為 3.4%；青年失業率占 3.1%（UNESCO-UNEVOC, 2022d）。

三、訓練結果之認證作法

　　日本根據《職業能力發展促進法》實施技能檢定制度，技能考試是按照一定的標準對勞動者的技能進行測試並進行認證的國家考試制度，旨在提高勞動者的技能和地位，技能檢定由中央職業能力開發協會編製試題，在督道府由都道府縣職業能力開發協會負責實施技能檢定。目前認定的職業有 130 個，通過考試稱之為「技能士」。技能士證照分為特級和一、二、三級，有的行業是單一不分級，由上而下為

特級代表具有該行業管理和監督指導能力，一級指的是技術最高級，二級指的是技術中級，三級指的是技術初級。雖然技能檢定制度的證照反映出學歷文憑而不是職能高低，在日本仍受到求職者和企業主的重視。日本的職業資格認證，是由行業、企業及相關培訓機構進行分級管理。2020 年度參加「技能考試」考試的總人數為 871,451 人，報考成功人數 363,733 人，通過率 41.7%，自能力驗證系統啟動以來，累計成功「技能考試」通過人數為 7,337,788 人。技能考試由厚生勞動大臣根據厚生勞働省令規定的職業進行等級劃分，並進行實踐考試和科目考試。（參考自厚生勞働省，2020b）。

四、與正規教育制度銜接與互動

　　圖 2-7 為日本正規教育系統與職業教育的銜接圖，日本的正規教育實行 6-3-3-4 層制，包括 6 年義務教育、3 年國中教育、3 年高中教育，4 年高等教育和 2 年的碩士學位學習。職業教育訓練在 TVET 機構以及高中教育和高等教育中提供。日本教育和職業訓練體系的一個主要特點是在私營企業內進行的在職培訓（On-the-job-training, OJT）和離崗培訓（Off-the-job-training, Off JT）。

伍、台灣成人職業繼續教育現況 ─────────────

一、職業教育之演進與管理

　　台灣職業訓練經過數十年的發展與轉型，職業訓練已有其政策與法規支持並持續執行，而在職業訓練上如何因應與建構與產業聯結之中、高等技職教育人才培育機制，以及著手於技職教育職業繼續教育制度，早已成為各國相互追逐的勝負關鍵，更提醒政府應高度重視高等技職教育及畢業後在職繼續教育及認證之推動，以回應越趨專業與細緻之技職人才需求。台灣教育部設有技術及職業教育司及終身教育司，繼 1998 年提出「邁向學習社會白皮書」，2021 年提出「學習社會白皮書」行動方案，六大實施途徑：健全法制基礎、培養專業人才、擴充學習資源、提供多元管道、推動跨域合作，以及加強國際交流等六大主軸方向。

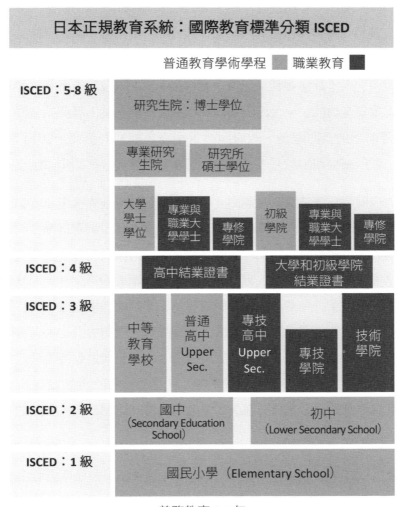

圖 2-7　日本正規教育系統圖

資料來源：UNESCO-UNEVOC (2011). Formal Education System in Japan. UNESCO-UNEVOC.
Retrieved from https://unevoc.unesco.org/home/Dynamic+TVET+Country+Profiles/country=JPN.

職業訓練相關政策發展是建立在台灣對職業訓練的基本方針之上，早期職業訓練政策，主要是支援台灣經濟建設計畫。自 1983 年公布《職業訓練法》至今，隨著產業轉型與外移，結構性失業問題開始顯現，為解決社會弱勢族群所受之衝擊，職業訓練政策加入「社會福利」任務，更結合就業保險及就業服務，轉趨重視職業訓練之「就業安全功能」，台灣職業訓練發展從經濟角度出發開始發展，在面臨產業結構所帶來之失業問題後，政府開始重視職業訓練的重要，2014 年立法通過「勞動部」暨所屬機關組織法，「勞動部勞動力發展署」亦同步改制正式成立。

　　勞動力發展署負責統籌政策規劃並執行職業訓練、技能檢定、就業服務、創業協助、技能競賽與跨國勞動力聘僱許可及管理等業務，並規劃推動台灣職能標準制度、促進身心障礙者及特定對象就業等業務。勞動力發展署設有與職業訓練相關之單位，如辦理失業者職前訓練、青年職業訓練及在職者職業訓練，以及研擬與推動職業訓練制度、職業訓練資源之運用與督導、職業訓練機構之設立與管理的「訓練發展組」；建立職能基準與認證職能導向課程品質、規劃與訂定人力發展品質管理系統、研擬與規劃技能職類測驗能力認證制度，和規劃與推動技能檢定業務及技術士證管理制度的「職能標準及技能檢定組」、推動國際交流與合作的「綜合規劃組」；辦理包含數位學習服務與職訓師資發證及管理之業務的「勞動力發展創新中心」。

　　勞動部的《職業訓練法》自 2000 年歷經 4 次修法，該法明訂職業訓練指為培養及增進工作技能而實施的訓練，包含養成訓練、技術生訓練、進修訓練及轉業訓練，並與職業教育、補習教育及就業服務配合實施，由勞動部擔任中央主管機關，委任所屬機關（構）或委託職業訓練機構、相關機關（構）、學校、團體或事業機構辦理。

　　台灣教育部於 2015 年為建立技術及職業教育（以下簡稱技職教育）人才培育制度，培養民眾正確職業觀念，落實技職教育務實致用特色，培育各行業人才公發布了《技術及職業教育法》，職業繼續教育，得由學校或職業訓練機構辦理。依其

辦理性質，由學校提供學位證書、畢業證書、學分證明或學習時數證明。應以開設在職者或轉業者職場所需課程為主；招生對象、課程設計、學習評量、資格條件、招生方式及其他應遵行事項之辦法，由中央主管機關定之。職業訓練機構辦理職業繼續教育時，應擬訂職業繼續教育實施計畫，課程之認可、學習成就之採認及其他應遵行事項之辦法，由中央主管機關會商中央勞動主管機關定之，主管機關得評鑑機構。

台灣行政院於 2017 年依《技術及職業教育法》第 4 條規定函訂定技術職業教育政策綱領以培育符合台灣經濟及產業發展需求之人才，願景為在培養具備實作力、創新力及就業力之專業技術人才。持續透過職業試探教育、職業準備教育及職業繼續教育之實施，讓技職教育成為台灣經濟發展、社會融合及技術傳承與產業創新之重要支柱。七大推動方向中以「建立技職教育彈性學制及入學管道，並吸引社會大眾選擇就讀職業繼續教育」優先，並由勞動部及各目的事業主管機關協助推動在職人員職業繼續教育、主管產業辦理員工進修職業繼續教育及職業培訓、建置、整合及公告主管產業發展之職能基準，以及建置與就業對應之職業證照事宜。

依據台灣行政院主計處 2011 年的「薪資統計員工特性及差異之研究」研究報告指出，大學與專科之間在薪資上已無明顯的差距，而教育年限必須再拉長才能彰顯人力資本之投資效益，取而代之的則是以職業別與工作時間型態為主要影響因素，專業技術能力明顯反映於薪資報酬差異，職務階級或專業技術能力越高，薪資亦越高，受僱員工個人專業技術能力更重於一紙學業證書，受僱者應積極參與在職訓練，強化本身不足之處以符合職務需求；而政府部門也應加強推廣職業訓練以提升勞工技術（張一穗、苗坤齡、葉芝菁、楊惠如，2011）。

二、職業繼續教育經費取得及施行方案

早期在職業訓練之經費預算十分低，主要仰賴企業捐助，爾後才逐漸於法條中增編相關經費政策與預算。《職業訓練法》中事業機構辦理訓練之費用，其每年實支之職業訓練費用，不得低於當年度營業額之規定比率。其低於規定比率者，應於

規定期限內，將差額繳交中央主管機關設置之職業訓練基金，以供統籌辦理職業訓練之用，惟目前並未實施，職業訓練經費多來自公務預算、就業安定基金以及就業保險基金，顯見原規定應辦職業訓練事業機構應每年實支職業訓練費用，且低於規定比率者，應於規定期限內將差額繳交中央主管機關設置之職業訓練基金，在執行上面臨相當的困難度（王素彎，2018）。

勞動部勞動力發展署辦理各項職業訓練，可分為自辦訓練、委外訓練和補助訓練。自辦訓練就各轄區之產業特色發展，包括職前訓練、產訓合作訓練、在職進修訓練、產學訓合作訓練、接受委託訓練等課程。委外訓練則為結合民間訓練資源，提供失業或待業者訓練課程，以提升其就業技能和職場競爭力。補助訓練則為民間訓練單位根據不同計畫，辦理符合計畫目標的訓練課程，並依計畫規定申請經費補助。根據 2017-2020 年的統計平均每年參與職業訓練 329,418 人，平均結訓人數 293,753 人，有接近九成（89.2%）的人完成訓練（勞動部勞動統計處，2022）。

就 2019 年職業訓練概況調查結果，事業單位有辦理職業訓練者占 33.8%，職業訓練 3,042.7 萬人次，訓練支出 193.4 億元；而辦理職業訓練之事業單位每家訓練平均支出為 10.9 萬元，訓練內容（複選）主要為「專門知識及技術之訓練」（占 59.8%）及「職業安全衛生訓練」（占 44.9%），「新進人員之培訓」（占 41.9%），辦理方式以「自辦訓練」占 64.4% 最高。

三、訓練結果之認證作法

目前台灣產業結構逐步轉型升級，各行各業技術日益專業化，為使職場勞工之勞動力職能提升，增強競爭力，定期辦理技能檢定，輔以證照制度的建立，讓勞工職場技能可以逐級提升，以支援產業升級。國教院（李然堯，2000）對於職業證照制度提及：職業證照（Occupational licence）係由政府或公信機構，經公開的標準程序，檢測某些特定人員所具有之專業知識或技能，合格者則頒發證書，以作為其執業能力的證明或執業資格的憑證。現行之各級各類公務人員考試、專門職業及技術人員執業資格特考等，都算是職業證照制度之一種。然就現行制度而言，則是專

指經由技術士技能檢定，發給技術士證，對具有技術士證者予以職業保障所建立之技術士職業證照制度。目前依據《職業訓練法》，行政院勞工委員會職業訓練局及其所屬單位，為辦理技術士職業證照制度之主管機關。

就台灣的證照制度實務面而言，目前由勞動部舉辦「技能檢定與發證」業務之外，其他政府部會亦可舉辦類似業務，例如經濟部委託「財團法人中華民國電腦技能基金會」辦理各種資訊專業人員鑑定與認證等；而考試院舉辦公務及專技人員考試，有檢定（或鑑定）發證制度。但嚴格說起來，「證」與「照」並不等同，如護理師證書並不等於護理師執照，各項執照核發的主管機關是各該執照的目的事業主管機關（譚仰光，2015）。

根據勞動力發展署統計，目前技能檢定開辦 140 職類，且配合產業發展趨勢與就業市場需求，陸續開發與調整技術士技能檢定職類，並提供全國技術士技能檢定，包含即測即評、發證技能檢定及專案技術士技能檢定等三種類檢定服務，為提升勞工技能，促進經濟發展，訂頒〈技術士技能檢定及發證辦法〉，開始辦理四十餘年累計核發甲、乙、丙、單一級技術士證達 900 萬餘張。

四、與正規教育制度銜接與互動

根據教育部（2016）台灣現行學制中國民中學之上即分為普通教育及技職教育二大體系。技職教育又分為中等技職教育及高等技職教育兩大階段。中等技職教育階段包括國中技藝教育、技術型高級中等學校、普通型高級中等學校附設專業群科或綜合高級中等學校（專門學程）。高等技職教育階段則包括專科學校、技術學院及科技大學，如圖 2-8。

綜合型高級中等學校招收國民中學畢業生或同等學力者。為使學員充分瞭解自己興趣、性向與學程特色，做好生涯規劃與職業試探，高二階段設有學術學程（準備升讀普通大學）或專門學程（準備就業或升讀四技二專）。課程採其中約三分之二學分由學校自行規劃，以發展學校特色。綜合型高級中等學校畢業生的未來彈性寬廣，可依學員的性向及所修學程，可以選擇參加普通大學入學考試以升入普通大

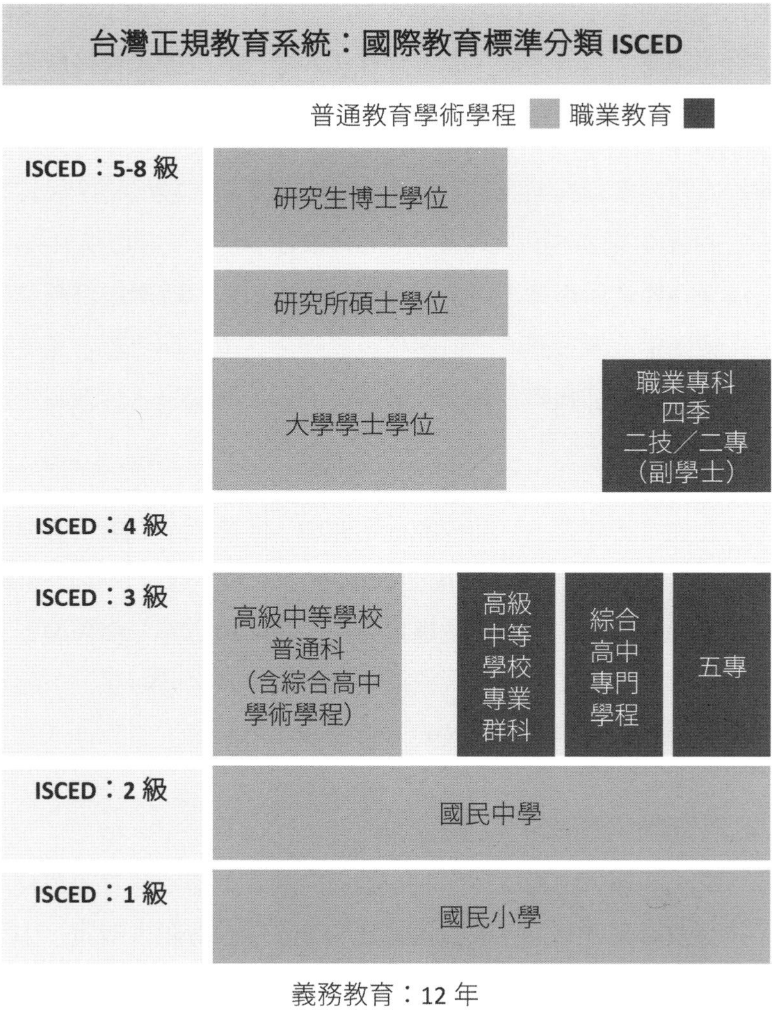

台灣正規教育系統：國際教育標準分類 ISCED

普通教育學術學程　職業教育

ISCED：5-8 級

研究生博士學位

研究所碩士學位

大學學士學位

職業專科
四季
二技／二專
（副學士）

ISCED：4 級

ISCED：3 級

高級中等學校
普通科
(含綜合高中
學術學程)

高級
中等
學校
專業
群科

綜合
高中
專門
學程

五專

ISCED：2 級

國民中學

ISCED：1 級

國民小學

義務教育：12 年

圖 2-8　台灣正規教育學制圖

資料來源：教育部（2016）。**精湛　一流職人養成之路**。台北：教育部技術及職業教育司。

資料檢索日期：2021 年 7 月 8 日。網址：https://www.edu.tw/News_Content.aspx?n=829446EED3
25AD02&sms=26FB481681F7B203&s=3D581E1C7C048131#。

學就學，也可以參加四技二專統一入學測驗以升入二專、技術學院或科技大學就學。也可以直接就業，或是參加職業訓練單位的短期專精訓練後再就業。

高等技職教育學制主要分為：專科學校（二專、五專）、技術學院及科技大學兩個層級。技術學院及科技大學皆可招收副學士班生、學士班生、碩士班生及博士班生。各校亦得另訂工作經歷與年資等入學條件，設立在職專班。在學生來源方面，四技及二專招收技術型高級中等學校、綜合型高級中等學校畢業生或具同等學力者入學；二技則招收專科學校（二專或五專）畢業或具同等學力考生入學，四技及二技畢業後可取得學士學位。

陳恆鈞與許曼慧（2015）曾就台灣技職教育政策變遷因素進行探討，問卷調查服務於技職教育體系的教務、教學人員，研究結果顯示「社會」構面為主要因素，受訪者對擴增升學管道可縮減社會階層差距，持正面看法，其次為「經濟」構面，技職教育制度變遷與就業市場以及產業結構脈動相契合，方能有效發揮技職教育體制獨有的特色，第三為「文化」構面，文憑價值與升學需求，隨著技職教育制度的演化，技職教育已擺脫終結教育的角色，升學機會與普通教育並無顯著相異之處，日後變遷受此影響相較薄弱（陳恆鈞、許曼慧，2015）。對於影響技職教育政策變遷因素之研究，台灣的職業繼續教育如果能走向升學、再進修管道發展，縮減社會階層差距，以及與產業結構脈動契合，將會是整合技職教育延伸繼續教育之專業化人才培育政策，來克服經濟由工業化被科技化逐漸轉型、產業外流就業市場人力過剩、外籍勞工引進替代傳統勞動人力等社會問題現象。

第4章　成人職業繼續教育之比較

　　本章節之成人職業繼續教育辦理情形比較，分別以行政主管機關、職業繼續訓練教育經費及政府所給予的補助，職業證照認證取得及就業市場等以表格進行比較分析：

壹、行政主管機關比較

　　有關職業繼續教育行政主管機關方面：

　　1. 美國視「職業繼續訓練」為短期實用的「職業教育」或「推廣教育」、「成人教育」的一部分，統稱職業教育與訓練 VET（Vocational Education and Training）。美國職業訓練的中央主管機關是勞動部就業與訓練署（Employment & Training Administration, ETA），其使命是通過州和地方提供高品質的工作培訓、就業、勞動力市場信息和維持收入服務，為勞動力市場做出貢獻。2018 年的「加強21 世紀職業與技術教育法」其重點大致都在如何運用「職業訓練」的配合來促進就業。

　　2. 英國職業訓練的中央主管機關是教育與技能部（Department for Education and Skills），比較特殊的是有整合的「國家職業資格證書體系」（National Vocational Qualifications, NVQ），由教育與技能部督導的行政法人 QCA（Qualifications and Curriculum Authority）負責制定各職類各層級的標準與規範。

　　3. 澳大利亞的職業訓練中央主管機關是教育、科學與訓練部（Department of Education, Skills and Employment），比較特殊的是有技術與繼續教育（Technical and Further Education, TAFE）學院體制，雖稱之為專科技術學院，但實際上是一個以辦理推廣教育與職業訓練為主的學校系統，採用「能力本位」、「模組式」學程

設計。

4. 日本《職業能力開發促進法》將職業訓練定位為針對勞動者職業生涯設計，並致力於勞動者自發性職業能力開發與促進的培訓方式。教育體系之外，另設有「職業能力開發」體系，中央主管機關是厚生勞働省（Ministry of Health, Labour and Welfare）下的「職業能力開發局」，並設專職公立職訓機構（職業能力開發機構），2004 年起，依法設立的「獨立行政法人雇用能力開發機構」（Employment and Human Resources Development Organization of Japan），在厚生勞働省督導下統籌管理營運能力開法設施與業務，成立「特別民間法人中央職業能力開發協會」專職辦理技能檢定業務。

5. 台灣職業訓練制度模式是上述各種制度模式的混合體，參採日本模式，在職業教育體系外另立職訓體系，設有專責公立職訓機構，訂頒《職業訓練法》，辦理技能檢定與發證；參採美國模式，積極擴展技職教育，職訓局廣泛委託學校的推廣教育中心、補習班等承辦各項職訓班次；參採英國模式，規定應辦職業訓練之事業機構，其每年實支之職業訓練費用，不得低於當年度營業額之規定比率，雖未落實執行但已據此精神。推行「TTQS」評核服務以提升教育訓練人員專業素養及落實企業訓練品質；參採澳洲模式建置職能導向課程品質認證（iCAP）以確保職能導向課程品質。

　　成人終身學習與教育的範圍，涵括所有的非正規及非正式教育，究竟是否延續正規教育由教育部的行政主管管轄，制定完整的制度與編列經費預算，抑或是由成人所處的職業場域技術職業繼續教育培訓、弱勢族群的社會福利促進、高齡長者的健康促進失智延緩、失業者的社會救濟分別在不同的政府機關體制下各自規劃與執行，仍為國際組織與各國政府政策執行的巨大考驗，將國內社會發展、經濟趨勢、人民終身學習素養、企業責任通盤衡量，找出最適合的，而非套用最好的，透過不斷執行、檢討、觀摩、改善方案及數據統整分析，方能達到最佳的職業繼續教育成效。

貳、職業繼續教育經費取得及政府補助

有關職業教育機構經費方面：

1. 美國以聯邦政府為主導的多元化籌措機制，由聯邦撥款資助職業教育，聯邦政府向各州提供職業訓練經費，設立綜合中心提供就業、教育及人力資源等各項服務，TVET 經費來源分別是聯邦、州和地方三個級別。

2. 英國透過立法手段，制定靈活的經費政策，確保職業教育經費的持續成長，同時拓展經費來源為職業教育發展提供有效的經費保障機制（鄧志軍、黃日強，2007）。建立了政府、企業雙主軸的籌措機制，強制方式實施職業訓練稅金制度（Training Levy and Grant System）、現改以推行聯合投資（co-investment）、徵收學徒稅制度（apprenticeship levy）鼓勵與提升企業職業繼續訓練。

3. 澳洲政府與產業界對於澳洲人才的發展與勞動力的提升在制度的主導下通力合作，立案的訓練機構（RTO）才能申請經費補助，透過企業主導職訓模組，讓人才培訓符合的澳洲品質訓練架構（AQTF）為框架，結合各產業技術委員會所發展出來的訓練套件（Training Package）達到訓練基準。政府通過稅收加大對教育的投入，其中約有半數用於繼續教育和職業繼續教育。

4. 日本形成了以政府財政撥款為主、民間籌措為輔的投入機制，培訓機構提供的課程必須是符合厚生勞働省規定，才能得到經費補助，依規定發放雇用關係助成金費用補助，補助會依〈雇用関係助成金支給要領〉發放，如在職進修補貼、轉業補貼、招聘相關補貼，與改善就業環境有關的補貼、工作家庭平衡支援關係補助金等、人力資源開發相關補貼及與工作條件等相關的補貼。

5. 台灣目前雖有法規定事業機構辦理訓練之費用，其每年實支之職業訓練費用，不得低於當年度營業額之規定比率。其低於規定比率者，應於規定期限內，將差額繳交中央主管機關設置之職業訓練基金，以供統籌辦理職業訓練之用，惟目前並未實施，職業訓練經費多來自公務預算、就業安定基金以及就業保險基金。

對比分析美國、英國、澳洲和日本的職業教育經費籌措機制發現，各地區都建立了完善的法律體系，充分保障了職業繼續教育市場作用的發揮，明確各級政府的

事權和財權，依法確定經費投入比例和撥款標準，建立了較為全面的學員資助體系，支持私立教育的發展，鼓勵企業投入及社會捐贈。借鑑發達國家的經驗，建議構建多元化的經費籌措機制、注重發揮市場主體的作用、健全學員資助體系、完善職業教育經費投入的法律體系、建立績效評價的問責機制等方面進行改革。

參、證照取得與就業市場

在教育和經濟的關係上，世界各地面臨一個共同的問題，一方面，教育培訓事業在發展過程中形成了地域性相對的穩定性和獨立性；另一方面，現代經濟、技術和勞動力市場需求的發展變化又非常迅速。如果沒有一個適當的機制，能夠不斷調整經濟、技術、勞動力市場需求和教育培訓的關係，它們就很難保持緊密的結合。

對比分析美國、英國、澳洲和日本的職業繼續教育發現，英國與澳洲結合教育體系及職業繼續教育體系發給證照認證銜接資歷：

1. 英國國家職業能力（學力）檢定與證書制度設有一套「國家職業資格」（National Vocational Qualifications, NVQ）證書體系，英國的學術證書和職業證書均可透過證書與課程平台的架構予以等值的轉換，使得修習職業證書的學員也有機會進入大學就讀。

2. 澳洲資歷架構（Australian Qualifications Framework）將澳洲學校教育、職業教育與訓練及高等教育所頒發資歷銜接成一個全國性體系，日本與台灣發給專業技術人員證照來滿足就業市場的專業職能衡量基準，惟美國就學校體制發給學位證書，對職業繼續訓練發給修課學分或時數證明。

職能基準的建立與發展，是經濟發展產業人才培育推動之重要角色，參照英國與澳洲由政府和產業、工會、訓練機構等單位共同發展出各職位之職能架構，提供各訓練單位課程指導標準，由企業職場共同擬定的產業職能框架，訂定產業人才職能基準及核發能力鑑定證明，更能確實符合業界所需之人力。

比較項目	台灣	美國
主管機關	行政院教育部技術及職業教育司、終身教育司及勞動部動力發展署	教育部（Department of Education）下職涯、技術與成人教育辦公室 OCTAE（Office of Career, Technical, and Adult Education） 勞工部（Department of Labor）下的就業與訓練司 ETA（Employment and Training Administration）
訓練目的	培養台灣建設技術人力，提高工作技能，促進民眾就業；兼顧求職者的職業準備與在職者的職業發展	適應社會需要，促進「就業」與「再就業」，增加就業機會和商業繁榮為核心目標的有效計畫
主要對象	青年、失業、在職或轉業勞工	青年、成人、失業、在職或轉業勞工
職訓機構	公辦職訓局、委外訓練和補助訓練	聯邦政府頒布立法，向各州提供職業訓練經費、職業訓練法規框架，賦予每個州教育的行政管理權力
訓練型態	養成訓練、技術生訓練、進修訓練及轉業訓練、殘障者訓練、補充訓練	公共職業訓練具體課程內容和課程級別的決定是在州或地方層面負責
課程內容	職業試探教育、職業準備教育及職業繼續教育	主要在 13 個職業領域提供學員在職場就職和發展所需的知識、技能和實作經驗
發展重點	重視產業需求與技術培育。以就業需求為導向而設計的制度、課程；建立職能基準與認證職能導向課程品質	促進課程的銜接與產業的整合，加強績效責任制，提高學員的學術和技術成就

英國	澳大利亞（澳洲）	日本
教育部（Department for Education），執行機關 Education & Skills Funding Agency	教育、技能與就業部（Department of Education, Skills and Employment）	文部省 MEXT（Ministry of Education, Culture, Sports, Science and Technology） 厚生勞働省（Ministry of Health, Labor and Welfare）職業能力開發局
技職教育課程，融合理論授課、實地操作與產業實習等多元方式，確保取得資格的學員符合業界發展的需求，提升英國勞動力的競爭優勢	以職能為教育的根本，並透過企業主導職訓模組，讓人才培訓內容因應產業調整	促進勞動者職業所需能力的發展和提高，從而提高職業穩定性和工人地位，為經濟和社會發展做出貢獻
16 歲以上青年	成人	學生、在職者、離職者、殘障人士、甚至退休工人
利用學校、專業團體與私立訓練公司等訓練資源來辦理，執行機構：Education & Skills Funding Agency, Standards and Testing Agency, Standards and Testing Agency 教育部贊助機構：建築業培訓委員會、工程建造業培訓委員會、學徒和技術教育研究所	由立案訓練機構 RTOs（Registered Training Organisations）所提供公立、私立、社區及企業等不同類型 1. TAFE（Technical and Further Education） 2. 學校 TAFE 部門 3. 澳太技術學院 APTC 4. 學徒制（Apprenticeships）	職業能力發展促進中心（技術中心）、殘疾人職業能力發展學校和職業能力發展學院，公辦職訓、委外訓練、事業主職業教育訓練
職業繼續訓練職權在英國下放由各地區管理，重視學員適性發展	由州和領地政府負責制定訓練模組（training packages）與認可課程（accredited courses）培訓	支持企業人力資源開發、支持職工自主職業發展的人力資源發展
提供包括職業、社會、體育及娛樂等方面的訓練	公立技術與繼續教育學院接受職業教育或學徒訓練	技術教育、技能訓練、經營教育、提高能力的教育及品質的教育
推動企業職業訓練費用，職業訓練稅金、學徒稅及聯合投資（co-investment）制度	澳洲資歷架構中所有的資歷，都有助於繼續進修或為職涯發展奠定基礎	產學合作是利用學校、企業不同的教育資源和教育環境，培養服務於一線的應用性人才

比較項目	台灣	美國
學習考核	1. 技術士證照； 2. 具結訓證書，結訓前輔導其參加檢定及就業； 3. 證照與畢業程度相應	學校
證照發放	1. 學校提供學位證書、畢業證書、學分證明或學習時數證明 2. 技能檢定業務及技術士證管理制度 3. 依其技能範圍及專精程度，分甲、乙、丙三級；不宜分三級者為單一級	社區學院、高等教育機構發給學歷證明、學徒證明、副學士及學士學位
經費來源	政府與就業安全基金。學員自付、雇主補助、公（工）會補助、財團法人等方式籌募	聯邦政府為主，中學後的 TVET 還包括來自專有中學、成人學習中心、專業協會或工會以及政府機構的經費補助
師資來源	由學校或職業訓練機構講師擔任	由學校或職業訓練機構講師擔任。為了提高學術和職業教育的質量，鼓勵中學和高等教育機構整合職業課程，於教育機構中進行課程的學習內容及應用材料整合，相同的教職人員分別於社區學院及即職業技術學院任教

資料來源：作者自行整理。

英國	澳大利亞（澳洲）	日本
由英國評核及考試規例局 Ofqual（Office of Qualifications and Examinations Regulation）規管認可發證機構進行	澳洲資格認證架構體系 ＡＱＦ（The Australian Qualifications Framework）	民間法人「中央職業能力開發協會」專職辦理技能檢定業務
英國評核及考試規例局 (Ofqual) 1. GCSEs 2. AS and A levels 3. Vocational and technical qualifications (VTQs)	澳洲資格認證架構體系職業教育與訓練證書及專科文憑課程，1 級至第 6 級證書（Certificates 1-4）、文憑（Diploma）與進階文憑（Advanced Diploma）	民間法人「中央職業能力開發協會」，專職辦理技能檢定業務、職業資格鑑定制度目前認定的職業有 130 個，一般分為特級和一、二、三級，有的行業不分級
19 歲以下青年免費提供職業教育，19-20 歲青年需要承擔50%的費用，而 20 歲以上青年則需要支付全部費用	澳洲政府補助	財政上支援職業教育，通過撥款、建立專門的管理機構，在培訓期間無法領取就業保險和生活補助的人員，免費提供職業培訓；57.5%的公司負擔了員工教育和培訓費用
公私立的學校、專業團體與私立訓練公司	澳洲資歷架構 將澳洲學校教育、職業教育與訓練及高等教育所頒發資歷銜接成一個全國性體系	政府機構、學校以及企業和個人開辦的職業教育機構，其中政府以外的企業與個人所辦的職業教育機構是職業教育體系的主體以法律形式規定職業教育教師的從業資格，建立完善的教師進修制度。同時，聘用有實務經驗的客座講師，提高學員的實際操作能力

^第 5 ^章　結語

　　本篇在討論不同國家地區職業繼續教育的比較時也發現兩個現象，值得進一步進行探討，首先是，在職業繼續教育的師資部分，原本的職業教育師具備教學的內容、技巧、教材，評量學員學習能力的方法及發覺學員的問題加以解決，但面臨知識半衰期縮短的現代化潮流，教學內容是否因應社會、企業、職場的創新而有提升，有沒有需要更進一步發展職業專業，回流業界學習新的技術與工具運用，以便接納更多真正需要提升職能的學員。其次是，當職業訓練與社會福利結合一起時，該地區民眾對繼續教育終身學習的素養是否足夠，深切認知職業訓練不僅是失業救助福利，不僅是領取失業救濟金，不僅是短期習得一門技能，而是要深化及適應職場競爭力，達到職業終身學習的使命。受限於篇幅，無法進一步就各個地區社會發展，人民素養及福利制度對學員選擇職業繼續教育訓練造成之影響程度，建議納入下次主題進行探討分析。

　　整體來說，不同國家地區的職業教育與培訓經驗告訴我們，職能基準的建立與發展的成功，關鍵因素除了政府的支持外，在於三大要項，分別是（1）產業界的積極參與、（2）定期檢視以及有效的職能證照、（3）繼續教育訓練品質管理機制。面臨全球化潮流與知識經濟競爭，職業人才培育的重要性更甚於過去以廠房、設備及空間等為主的傳統產業的競爭力，有效率的知識體系方能提高生產力，進而達成目標，因應地區經濟成長、人力需求、產業結構改變、社會需要，科技階段性跳躍，以及世界經濟發展趨勢，借鑑主要地區職業人才培育，導入產業共同產學訓合作計畫，降低學用落差符合產業需求，政府進行權責單位統合業界與學術界，方能有效訓練職場所需之人才。

　　其次是定期檢視職能證照，建立職業繼續教育證照的國際連結，規劃國際證照制度，將職業繼續教育視作教育產品，吸引國際學生就讀及輸出證照，執業經驗與

學費資源帶入，借鏡英國、澳洲國家的職業教育政策，落實在地學習全球就業的理念。第三是確保職業繼續教育的品質管理，在職學員回流學校或職訓機構接受職業繼續訓練，對師資來源及課程品質要求會高，除適應力與創新能力將新知及新技術引進業界，更新其教學專業知識及技巧以滿足學習需求和期望，持續專業發展更能交流業界實作經驗與理論的結合，取得職能發展更進一級；而失業者目標是習得一技之長尋得就業機會，有不同階級的職業繼續訓練要求，政府主管機關需能與產業單位討論修正模式設計及課程內容規範及師資資格審查，方能提供更有效率人才培育循環，創造整體職業繼續教育的價值，使參訓學員能從事現在與未來的工作，進而促進產業與經濟的繁榮。

<h1 style="text-align:center">參 考 文 獻</h1>

一、中文文獻

王佑菁（2015）。聯合國教科文組織（UNESCO）終身教育政策評析。收錄於楊國賜總校閱，**各國終身教育政策評析**（頁21-32）。台北市：師大書苑。

王素彎（2018）。推動新世代職業訓練法的必要性。**經濟前瞻，179**，123-128。

吳明烈、李藹慈、黃彥蓉（2020）。**108年度成人教育調查報告**。教育部委託知專題研究成果報告（編號：1010902453）。台北市：五南。

李然堯（2000）。職業證照制度。**國教院**。資料檢索日期：2021年9月21日，網址：https://terms.naer.edu.tw/detail/1315187/。

李隆盛（2018）。美國加強21世紀職技教育法案的重點與意涵。**經濟部產業人才發展資訊網**。資料檢索日期：2021年10月5日，網址：https://reurl.cc/OAV2VD。

國發會（2021年12月16日）。**WEF呼籲各國推動經濟轉型　並肯定臺灣優異的疫情因應能力**。網址：https://www.ndc.gov.tw/nc_27_34623。

黃俐文（2012）。澳洲職能制度介紹。**行政院勞工委員會職業訓練局就業安全半年刊，11**（2），32。

張一穗、苗坤齡、葉芝菁、楊惠如（2011）。**薪資統計員工特性及差異之研究**（行政院主計處綜合規劃處研究報告）。資料檢索日期：2021年7月8日。網址：https://reurl.cc/41QkoL。

教育部（2016）。**精湛　一流職人養成之路**。臺北：教育部技術及職業教育司。資料檢索日期：2021年7月8日。網址：https://reurl.cc/NAq5yk。

教育部（2020a）。**教育統計指標之國際比較2020**。資料檢索日期：2021年12月10日，網址：https://reurl.cc/RrvKWx。

教育部（2020b）。英國政府確定今年9月開辦T-Level課程的時程不因疫情而有所推遲。**臺灣教育部電子報**。資料檢索日期：2021年7月2日。網址：https://epaper.edu.tw/windows.aspx?windows_sn=23655。

陳恆鈞、許曼慧（2015）。台灣技職教育政策變遷因素之探討：漸進轉型觀點。**公共行政學報**，48，1-42。

勞動部。**勞動統計專網**。資料檢索日期：2021 年7月2日。網址：https://www.mol.gov.tw/1607/2458/normalnodelist。

勞動部勞動統計處（2022）。110 年發展署辦理職業訓練人數——按訓練方式及計畫別分。資料檢索日期：2021年1月12日。網址：https://statdb.mol.gov.tw/html/mon/512120.pdf。

鄧志軍、黃日強（2007）。英國職業教育的經費。**荊門職業技術學院學報**，22（4），93-96。

譚仰光（2015）。政府想推國際證照？請先搞懂「證」與「照」。**技職3.0分類網頁**。資料檢索日期：2021年10月23日。網址：https://www.tvet3.info/certificate-and-license/。

UNESCO. Director-General, 2009-2017 (Bokova, I.G.)（2017）。載有關於職業技術教育與培訓的建議書案文草案的最後報告（CL/4109）。資料檢索日期：2021年1月12日。網址：https://unesdoc.unesco.org/ark:/48223/pf0000232598_chi。

二、外文文獻

Department of Labor Logo United States Department of Labor [U. S. Department of Labor] (2021). *Employment and Training Administration.* Retrieved 29 June 2021, from https://www.dol.gov/agencies/eta/wioa

Organisation for Economic Cooperation and Development [OECD] (2014), *Skills Beyond School: Synthesis Report, OECD Reviews of Vocational Education and Training.* OECD Publishing. doi: 10.1787/9789264214682-en.

OECD (2017). *Building Skills for All in Australia.* Paris: OECD Publishing. Retrieved from https://doi.org/10.1787/9789264281110-en

OECD (2020a). *OECD Policy Reviews of Vocational Education and Training (VET) - Learning for Jobs.* Paris: OECD Publishing. Retrieved 15 April 2021, from https://www.oecd.org/education/innovation-education/learningforjobs.htm

OECD (2020b). Indicator A7.To What Extent Do Adults Participate Equally in Education and Learning?.In *Education at a Glance 2020: OECD Indicators.* Paris: OECD Publishing.

OECD (2021a). *Unemployment Rate (indicator).* doi: 10.1787/52570002-en. Retrieved 6 July 2021.

OECD (2021b). *Labour Force Participation Rate (indicator).* doi: 10.1787/8a801325-en. Retrieved 6 July 2021.

United Nations Education Scientific and Cultural Organization [UNESCO] (2014). UNESCO Education Strategy 2014-2021. *United Nations Educational, Scientific and Cultural Organization.* Retrieved 26 June 2021, from https://unesdoc.unesco.org/ark:/48223/pf0000231288

UNESCO (2017). Education 2030: Incheon Declaration and Framework for Action for the Implementation of Sustainable Development Goal 4: Ensure Inclusive and Equitable Quality Education and Promote Lifelong Learning Opportunities for all. *United Nations Educational, Scientific and Cultural Organization.* Retrieved 26 June 2021, from https://unesdoc. unesco.org/ark:/48223/pf0000245656

UNESCO (2021). *Introducing-UNESCO.* Retrieved 28 December 2021, from: https://zh.unesco.org/about-us/introducing-unesco

The UNESCO-UNEVOC International Centre for Technical and Vocational Education and Training [UNESCO-UNEVOC] (2010). *Formal Education System in the United States.* Retrieved 29 June 2021, from https://countries unevoc.unesco.org/home/Dynamic+TVET+Country+Profiles/country=USA

UNESCO-UNEVOC (2011). *Formal Education System in Japan.* Retrieved 29 June 2021, from https://unevoc.unesco.org/home/Dynamic+TVET+Country+Profiles/country=JPN

UNESCO-UNEVOC (2018). *Formal Education System in the Australia.* Retrieved 29 June 2021, from https://unevoc.unesco.org/home/Dynamic+TVET+Country+Profiles/country=AUS

UNESCO-UNEVOC (2019). *Formal Education System in the United Kingdom.* Retrieved 29 June 2021, from https://unevoc.unesco.org/home/Dynamic+TVET+Country+Profiles/country=GBR

UNESCO-UNEVOC (2021). *TVET Ipedia Glossary.* Retrieved 29 June 2021, from https://unevoc.unesco.org/home/TVETipedia+Glossary

UNESCO-UNEVOC (2022a). *TVET Country Profiles.* Retrieved 26 May 2022, from https://unevoc.unesco.org/home/Dynamic+TVET+Country+Profiles/country=USA

UNESCO-UNEVOC (2022b). *TVET Country Profiles: United Kingdom.* Retrieved 27 May 2022, from https://unevoc.unesco.org/home/Dynamic+TVET+Country+Profiles/country=GBR

UNESCO-UNEVOC (2022c). *TVET Country Profiles: Australia.* Retrieved 25 May 2022, from https://unevoc.unesco.org/home/Dynamic+TVET+Country+Profiles/country=AUS

UNESCO-UNEVOC (2022d). *TVET Country Profiles: Japan.* Retrieved 27 May 2022, from https://unevoc.unesco.org/home/Dynamic+TVET+Country+Profiles/country=JPN

厚生勞働省（2020a）。令和元年度「能力開発基本調查」の結果を公表します。資料檢索日期：2021年12月10日。網址：https://www.mhlw.go.jp/stf/houdou/00002075_000010_00004.html。

厚生勞働省（2020b）。令和元年度「技能檢定」の實施狀況を公表します。資料檢索日期：2021年12月1日。網址：https://www.mhlw.go.jp/stf/newpage_12707.html。

厚生勞働省（2021）。第11次職業能力開發基本計畫を策定しました。資料檢索日期：2021年12月21日。網址：https://www.mhlw.go.jp/stf/newpage_17632.html。

第 3 篇

後疫情風險社會公務人力資源發展作法與啟示

前言

新型冠狀病毒所造成之疾病（Coronavirus Disease-2019, COVID-19），疫情持續兩年多，造成社會、科技、經濟、環境、政治與教育等各方面衝擊，「未來疫後新常態」將有別於往常，疫後職場風險社會情境，加速數位科技發展，爰此，人力資源發展益顯重要。

新冠肺炎大流行已成為一場重大的全球危機，帶來嚴重的社會經濟後果，需要個人、組織和國家採取必要措施應對（Guan, Deng, & Zhou, 2020; Soto-Acosta, 2020）。疫情對人們健康和幸福感造成嚴重浩劫，並威脅支持社會運作之主要機構。遠距工作（remote work）為新冠肺炎帶來最具變革性的工作場所轉變之一。組織需要發展人力資源實務以解決與遠距工作相關之問題（Akingbola, 2020）。

2015 年，聯合國通過 2030 年永續發展目標（Sustainable Development Goals, SDGs）（Fukuyama, 2018）。第 11 次全國科學技術會議，確立「臺灣 2030——創新、包容、永續」之願景。「人才與價值創造」、「安心社會與智慧生活」為關鍵議題之一（行政院，2020）。《國家發展計畫（110 至 113 年）》：數位科技與數位經濟乃全球趨勢之一。新冠肺炎疫情益顯數位科技應用在應對疫情的潛力，加速遠端教學或遠端辦公等之發展。惟數位化亦對就業結構變化、社會不平等、倫理道德及法律體系適用性等，帶來挑戰。尚需落實「以人為本」理念、強調包容性與永續性（國發會，2021）。基於前揭發展趨勢，以「臺灣 2030——創新、包容、永續」之願景、善用數位科技、強調數位包容，可作為疫後之職場因應風險社會、職涯發展與人力資源發展契機。

Weber 官僚體制將公職視為一種「職業」，通常規定特殊考試作為就業之先決條件，職位具有「職責」性質，經過培訓，公務員成為在專業領域具有高度品質的

知識工作者，並具有高度之榮譽感，重視廉正（Hensell, 2016）。鑑於公務人員乃政府行政運作之核心，公務人力資源之良窳攸關國家競爭力。如何於風險社會，因應疫後新常態，疫後公務人力資源有所精進發展，進而提升公務服務績效與品質亟為重要。惟有關公務人力資源發展之相關研究有限，探討後疫情公務人力資源發展者更屬鳳毛麟角，爰此，本研究著眼於後疫情風險社會，探究公務人力資源發展，據以提出作法與啟示。

第 **2** 章　疫後風險社會公務人力資源發展趨勢與挑戰

　　新冠疫情帶來之未知及不確定性，風險社會之來臨勢不可擋（李永展，2020）。面對疫後風險社會、數位時代，公務員因應時代與環境驟變，正是培養風險認知、數位知能、跨域整合能力等以提升公務人力資源再發展之契機。以下探討風險社會、人力資源發展、公務人員終身學習、職涯發展等議題。

壹、風險社會再度引發關注

　　於現代化風險下，「迴力棒效應」指兇手或被害者終會變成同一人，例如核爆，同時亦會反噬攻擊者。文明風險全球化，社會之差異與邊界越來越模糊，於就業方面：從系統標準化的充分就業發展至彈性多元化、充滿風險的的低度就業型態（Urich Beck 著，汪浩譯，2004）。例如美國 Georgia 於 1996 年開始，推行公共管理改革，為公職人員實行隨意就業（employment at-will, EAW），大幅削弱對傳統公務員保護，重視人事改革與績效之間的關聯（Jordan & Battaglio, 2014）。

　　德國社會學家 Beck 於 1986 年出版《風險社會——通往另一個現代的路上》一書。「風險社會」指社會必須面對過去所無之危險，該危險危及人類之存在條件，並指出風險不會憑空消失（引自曾秋桂，2014；徐育安，2017）。人類決策及行為成為風險之主要來源，衍生各種人為風險、自然風險。更在全球化背景下，造就「風險全球化」（李永展，2020）。風險已成為組織的重要組成部分。建立三種組織風險模式：前瞻性、即時性和回顧性。對組織風險提出新見解：（1）形塑最適風險文化；（2）提出風險工作觀點；（3）發展風險轉化之概念（Hardy, Maguire, Power, & Tsoukas, 2020）。新冠疫情侵襲全球，自由移動受到嚴重限制，似乎減少移動、保持社交距離與隔離成為快速傳播病毒之解方。在家工作（woking from home, WFH），最大限度地減少移動成為「新常態」。疫情之下，移動性變成危及生命的風險。一場劇烈的實體靜止移動，經由虛擬移動（vitual mobilities）達到高峰，線上取代實體，數位移動（digital mobilities）已成為新常態（Freudendal-Pedersen & Kesselring, 2021）。新冠肺炎大流行的特點是製造風險。「不確定的局面」為現實蒙上一層面紗，掩蓋短期、中期和長期觀點。「確定性」隨著部分理性而崩潰。疫情揭示個人和群體缺乏以理性處理充滿不確定性的情況之應對能力（Pietrocola, Rodrigues, Bercot, & Schnorr, 2021）。

疫情之特點是製造風險，造成諸多新常態，例如在家工作、實體移動與數位移動之消長等，風險已成為組織之重要組成部分，風險全球化，爰須關注風險社會。

貳、疫後公務人力資源發展契機

公務人力乃組織運作與競爭優勢之核心，公務人力資源受疫情衝擊，改變諸多工作與學習型態，疫情益顯數位科技應對疫情之潛力，係發展公務人力資源之契機。首先概述人力資源發展，再進而探討數位時代、疫後公務人力資源發展之趨勢與挑戰。

人力資源發展（Human Resource Development, HRD）乃對於組織之人力進行教育、訓練與發展之過程，雖有各種觀點，都與組織成員之學習有關，由組織提供學習活動，使成員於特定時間內學習與成長，進而增進績效或提升人力素質（高文彬，2012）。知識經濟時代以服務為基礎的經濟環境中，企業間的競爭越來越體現在人力資源發展（廖珮妏、許立群、余鑑、于俊傑，2012）。Peter Drucker 首先將知識視為組織和社會的經濟資源，知識工作（knowledge work）之核心聚焦在工作環境中利用知識（Jacobs, 2017）。人力資源發展的學者察覺「發展」意味著持續不斷之過程、一個從未達到的目標、朝著正向成長的希望，為個人與群體之發展過程（Werner, Anderson, & Nimon, 2019）。

一、數位時代公務人力資源發展之挑戰

「服務型智慧政府 2.0 推動計畫（2021-2025）」相關措施：「1.持續強化資通訊安全與基礎設施。2.完備數位轉型配套措施，包含法規調適、政府服務轉型、數位人才培訓」等（國發會，2020）。據此，數位轉型，除政策規劃、硬體提升、法規調整，尚需重視數位人才培訓。

2018 年 APEC 人力資源之議題「創造包容性機會，擁抱數位未來」，應透過教育及職業訓練等方式提升員工於數位時代之受僱能力（王聖閔，2018）。因應全球化、數位化與高齡化等趨勢，經濟合作暨發展組織（Organisation for Economic Cooperation and Development, OECD）等國際組織，倡議面對未來工作之挑戰，不斷學習新技能與終身學習，並強調跨領域協調與合作等人力資源發展策略（郭振昌，2020）。將公部門人才定義為個人擁有之能力、知識與價值，人才管理倘有效地執行，在支持公部門解決日益複雜的問題及其在數位經濟中之作用具潛力（Kravariti & Johnston, 2020）。

二、疫後公務人力資源發展趨勢與挑戰

受疫情衝擊，「零接觸經濟」、「遠距工作」與「政府數位治理」等成為新常態。遠距醫療、遠距辦公、虛擬教育等數位創新快速發展，數位治理成功關鍵在於培訓具數位能力之公務員（王可言、林蔚君，2021）。公務人力資源為國家重要資產，疫情加速數位科技發展，爰進而探討疫後公務人力資源發展趨勢與挑戰。

WHO 指出新冠肺炎全球大流行，是一場前所未有的危機，對傳統人力資源管理與實務帶來重大挑戰。培訓在疫情危機時期發揮重要作用，有助於培養員工所需的技能，協助員工遠距工作；另亦需培訓管理人員管理虛擬團隊，應對遠距工作挑戰（Hamouche, 2021）。疫情造成新形式的僱傭關係，自由職業者、臨時工增加，對組織之人力資源發展構成挑戰，非典型工作者（atypical workers）為組織創造競爭優勢與連續性，然而，卻往往忽視對其培訓與發展，納入組織和國家人力資源發展計畫有其重要性（Hamouche & Chabani, 2021）。Brower 指出疫情期間，居家辦

公（work from home，WFH）成為新常態，工作生活平衡之差距擴大。根據 Sahni 研究，居家辦公之高壓力與挑戰，可能影響員工心理健康與幸福感（引自 Ramlachan & Beharry-Ramraj, 2021）。

公共人力資源管理已經從關注公共服務的技能，例如：教育、專業培訓，發展至對軟性技能的興趣——在本質上更具人際交往之技能。公務員未來人力資源發展將需要賦權公務員以達成有意義之公共服務（Hall & Battaglio, 2019）。

綜上疫後公務人力資源發展趨勢與挑戰：發現知識工作之核心聚焦於工作環境中利用知識，疫情加速數位科技發展，面對未來工作之挑戰，強調學習新技能、終身學習與跨領域，透過教育及職業訓練等方式提升相關技能。組織需重視人力資源，覺知持續「發展」歷程。歸納新興趨勢：（1）需重視居家辦公、遠距工作之挑戰，培訓員工數位技能及管理者管理虛擬團隊；（2）重視公部門人才管理；（3）非典型工作者有其重要性，需重視培訓與發展；（4）賦權公務員等。

參、滾動式調整公務員終身學習

本篇將公務人力資源發展，定位於「教育、訓練與發展」，列舉台灣法規面與實務運作：（1）於法規面：公務人員之訓練及進修，依《公務人員訓練進修法》行之。同法第 2 條：「2.公務人員考試錄取人員訓練、升任官等訓練、高階公務人員中長期發展性訓練及行政中立訓練，由公務人員保障暨培訓委員會辦理或委託相關機關、學校辦理之。3.公務人員專業訓練、一般管理訓練、進用初任公務人員訓練及前項所定以外之公務人員在職訓練與進修事項，由各中央二級以上機關、直轄市政府或縣（市）政府辦理或授權所屬機關辦理之……。」（法務部，2022）（2）實務運作：公務人力教育訓練，分為職前訓練與一般訓練。「文官學院」隸屬公務人員保障暨培訓委員會，辦理各項任用訓練，包括「考試錄取訓練、升官等訓練」（林皆興、邱靖蓉，2010）。「行政院人事行政總處公務人力發展學院」乃專責公務人員之訓練機構，旨為在職培訓、資源共享（國發會，2018；行政院人事

行政總處，2021a）。

　　再進而聚焦「公務人員終身學習」，其為公務人力資源發展實務面之一環。以下說明公務員終身學習相關研究、規範與學習資源。

一、公務員終身學習相關研究

　　終身學習之延續性是貫穿個體生命全程，有結構、有目的之學習活動；學習之廣泛性指包括生活各層面，含正規、非正規與非正式的所有活動（李瑛、何青蓉、方顥璇、方雅慧、徐秀菊，2018）。公務人員混成學習，偏好以主動驗證方式進行學習的學習者線上參與度較高（吳怡如、翁楊絲茜、葉怡宣、陳姿佑，2012）。公務人員每人每年參加環境教育平均時數，有逐漸增多趨勢。學習方法中，近半數使用網路學習及影片觀賞（吳鈴筑、張子超，2018）。韓國終身學習政策（1）為弱勢族群提供學習機會；（2）促進終身學習城市方案；（3）建立終身學習文化；（4）承認經驗學習成果，例如學分銀行；（5）為終身學習大學中心提供資金；（6）建立終身學習管理支持系統等（Choi & Kim, 2018）。

　　綜上，本篇以公務員終身學習定位為公務人力資源發展實務層面之一。參與混成學習以主動驗證學習的學習者線上參與度較高、參與環境教育近半數使用網路學習及影片觀賞，以及韓國終身學習政策可資參考。

二、公務員終身學習規範

　　台灣公務員終身學習規範說明如次：

　　1. 《行政院及所屬機關學校推動公務人員終身學習實施要點》第 6 點規定：「學習課程除講授方式，並得採組織學習、數位學習、讀書會、學術研討會及專書閱讀、研究、寫作等多元化方式進行。」

　　2. 行政院 107 年 10 月 30 日院授人培字第 1070054929 號函規定公務人員終身學習時數：「每人每年業務相關學習時數仍維持 20 小時」。（1）其中 10 小時「必須完成當前政府重大政策、法定訓練及民主治理價值等課程」。（2）其餘 10

小時：「由公務人員自行選讀與業務相關之課程……」。

據此，公務員終身學習之時數規定每人每年 20 小時，目前尚無規範遠距學習時數。學習方式多元，惟其中規定 10 小時必須完成指定課程主題與時數，恐略顯僵化之虞。

三、公務員終身學習資源

知識經濟時代，數位學習乃必然趨勢，運用數位學習取得公務人員終身學習時數逐步增加（行政院人事行政總處，2021b）。台灣「公務人員終身學習入口網站」及「e 等公務園⁺學習平臺」係以公務員為服務對象之終身學習平台，說明如次表，惟公務員亦得參與其他多元學習資源終身學習。

表 3-1　台灣公務員終身學習平台

學習平台／網址	摘錄網站簡介
1. 公務人員終身學習入口網站 https://lifelonglearn.dgpa.gov.tw/Default.aspx	提供公務員多元、自主、彈性之學習環境
2. e 等公務園+學習平臺 https://elearn.hrd.gov.tw/mooc/index.php	整合公部門學習資源，以利數位學習單一入口、多元學習

綜上公務員終身學習平台，以公務員使用者角度觀之：（1）整合公部門學習資源，俾利單一入口，多元學習；（2）部分課程之介面及課程設計較為單向；多數課程為線上非同步自學；（3）課程尚符合公務人員提升業務知能需求，亦得配合時代脈動，加速課程更新。

公務員面臨瞬息萬變之社會，公務人力之職能培訓與發展益發重要。台灣公務人力發展學院目標之一「落實顧客導向培訓業務」、「建構虛實整合學習場域」（行政院人事行政總處，2021a）。該學院亦致力於發展「數位學習」：公務人力發展學院《107 年度訓練成果總報告》：「掌握數位科技發展培訓趨勢，提升公務人員數位職能」。《109 年度訓練成果總報告》：調適培訓政策以緩減疫情衝擊：「1.因應疫情，即時滾動調整訓練計畫、2.順應疫情拓展數位遠距教學，開創多元

培訓模式」（行政院人事行政總處，2018；行政院人事行政總處，2020）。表列近三年公務人力發展學院實體訓練與數位學習之情形。

表 3-2　近三年台灣公務人力發展學院實體訓練與數位學習情形

年度	實體訓練		數位學習（e 等公務園⁺學習平臺）		
	開班數	訓練人數	課程數	認證人次	認證時數
2018	839	43,745	3,046	-	-
2019	802	43,352	3,517	3,228,048	5,425,653
2020	852	38,194	3,871	3,860,190	6,385,651

綜上，數位學習課程數、認證人次與時數，近三年有逐年提升趨勢；2020 年疫情對於實體課程訓練人數與數位課程認證人次亦有此消彼長之趨勢。

肆、職涯發展之挑戰

因應全球化變遷及知識經濟，各國政府無不日漸重視公務人員之培訓。職涯發展乃個人和組織對於個人職涯歷程之規劃與促進發展等活動，包括職涯決策、設計、發展與開發等（吳岳軒，2016）。職涯發展幾乎影響所有人，且跨及一生。職涯發展過程中，個人決定會受到各方面影響，如家庭環境、教育等因素（呂嘉弘、黃生，2019）。多變時代，職涯趨勢亦隨改變，具多元職涯態度之斜槓人生概念隨之興起。多元職涯態度對職涯滿意度、職涯適應力、專業承諾具正向影響（王重仁、陳心懿，2021）。人力資本涉及員工或組織對個人在勞動力中之價值進行投資。經由教育、經驗、培訓、努力工作等以提高資格能力。個人選擇於離開學校後繼續進行正規教育與學習，理論上，將導致職涯發展與薪酬增長（Mani, 2019）。

就業能力（employability）相關研究：新冠肺炎疫情期間，職業領域朝向更彈性靈活之工作安排，其中可能包括遠距工作環境與實體辦公環境之混合（Gill, 2020）。疫情對許多人造成職涯衝擊，其中就業能力，可以使職涯衝擊較為得以控制，為個人職涯成功之預測指標（Lo Presti, Magrin, & Ingusci, 2020）。綜合上揭

研究，發現疫情對職涯發展造成衝擊，歸納近年來職涯發展相關研究：研究啟示為
（1）教育為影響職涯發展因素之一；（2）多元職涯興起；（3）就業能力可舒緩
職涯衝擊，為職涯成功之預測指標。因此，可重新思考多元職涯、就業能力以及提
升遠距工作能力等，以利職涯發展。

第 3 章　疫後公務人力資源發展之比較

　　本研究旨在探討後疫情風險社會公務人力資源發展作法與啟示，以成人教育行政觀點，透過文獻回顧、比較研究法，比較台灣、中國大陸、日本、韓國、新加坡及美國等疫後公務人力資源發展。比較研究法，分為描述階段、解釋階段、並列階段、比較階段（Bereday, 1964）。探討與比較疫後公務人力資源發展如次。

壹、說明疫後公務人力資源發展

　　公務員訓練旨在增進工作知能、態度及才能發展，公務人才培訓政策，對公務人力「教、考、訓、用」力求連貫（許南雄，2021）。有關台灣之公務人力資源發展如前揭公務員終身學習乙節，另說明中國大陸、日本、韓國、新加坡與美國之公務人力資源發展。

一、中國大陸

　　中國大陸對公務員之管理為黨政一體，升遷與培訓相結合。公務人力資源之培訓指國家行政機關依據需求、相關規定發展公務員政治與業務品質之教育與訓練（沈建中，2008）。中國大陸人事制度由幹部制度發展為崗位責任制，再轉變為公務員制度（許南雄，2021）。從文化面解釋中國大陸公共人力資源管理，以中國大陸官僚文化理解公共人力資源管理的文化約束，以及保持黨對公務員之統治（Zhang, 2015）。自 1970 年代後期開始改革開放以來，公務員的發展益顯重要。隨著社會變遷、多元與開放，必須為公共管理者專業培訓。中國大陸公務員的行政發展採取幹部教育培訓（cadre education and training, CET）之形式，培養解決治理問題之能力以因應新的需求與期望（Jing, 2016）。

二、日本

以下說明日本公務員研修制度與邁向數位社會：

1. 日本公務員研修制度：日本制定《國家公務員法》與《地方公務員法》，公務員制度分為國家公務員及地方公務員。公務員訓練與進修，稱為「研修制度」（許南雄，2021）。

2. 邁向數位社會：日本內閣於 2021 年決定《朝向實現數位社會之重點計畫》。其重點措施：整備並普及數位社會所需之共同功能。改善行政服務之使用者介面，培養優秀數位人才，並延攬民間人才至行政機關（科技法律研究所，2021）。

三、韓國

韓國公務員可分國家與地方公務員，培訓機構、類型與韓國新政說明如次：

1. 培訓機構：「中央人事委員會」負責公務員之培訓和教育，訂定培訓基本政策與原則。具體負責培訓機構主要為政府部門與專業培訓機構等。培訓類型：基礎培訓、專業培訓、倫理道德培訓與在職培訓等（考試院，2019a）。

2. 韓國 2020 提出「韓國新政」（Korea New Deal），三大主軸為「數位新政」促進數位技術之創新以加速推動數位化，「綠色新政」以發展綠能經濟，「強化安全網路」乃擴大包容性就業、培育更多人才、投資人力資源（江星穎，2021）。

四、新加坡

以下說明新加坡公務人力培訓機構、課程特色與數位轉型發展：

1. 「新加坡公共服務學院」為政府提升人力資源管理與發展，設計多元之訓練課程。運作方式掌握市場機制，經費採自給自足。

2. 公共服務學院之課程特色：（1）設計多元課程，善用科技方法與數位學習方式，協助學員隨時皆可學習。（2）與時俱進設計客製化課程：每年修正或更新

課程，更新比率達 30%。（3）公務員訓練課程具實務導向與提升工作成效為主：公務員每年須完成 100 小時之課程，其中 60%需與工作職掌相關，40%需有助於提高工作效率，結訓 3 個月後，要求受訓者之直屬長官追蹤其工作表現之提升情形，了解受訓成效（考試院，2019b）。

　　3. 因應數位科技之衝擊，自 2016 年起實施「智慧國家 2025」計畫：「數位經濟框架」加速推動企業數位化，「數位政府藍圖」以數位科技提供公共服務，以及「數位整備藍圖」協助各領域具備數位能力（國發會，2019）。

五、美國

　　說明美國公務人員訓練制度如次：

　　美國聯邦人事管理局為總統之人事幕僚機構，且為聯邦政府最高人事主管機關（許南雄，2021）。

　　1. 美國聯邦人事管理局為推動公務人員職涯發展計畫，推薦美國政府各部會機關自行實施推動，美國聯邦人事管理局所推薦三項職涯發展培育措施：「個人發展計畫、主管發展計畫」、「師徒制」及「教練制」（吳岳軒，2016）。

　　2. 美國為分權制的國家，聯邦及地方政府各有其訓練機構。聯邦公務人員實施職位分類制度，依各層級所需職能予以訓練。公務人員之訓練經費編列在各機關，聯邦人事管理局及聯邦行政主管學院雖可提供發展計畫及訓練執行，但並非「獨占事業」，屬市場機制運作。

　　3. 美國「教育部科技教育司」指出，數位學習科技應用於教育部分：聯邦政府擬定科技教育、數位科技使用為未來教育必備知能之大方向，各州政府仍有極大之彈性主導學習科技運用政策。數位課程亦可透過線上討論達到互動效果，讓教學從單向變成雙向互動（文官學院，2017）。

貳、疫後公務人力資源發作法之比較

台灣、中國大陸、日本、韓國、新加坡與美國疫後公務人力資源發展作法，包括專責訓練機構、發展使命、目標與疫後公務人力資源發展、數位學習情形之比較如表 3-3。

表 3-3　疫後公務人力資源發展作法

國家地區	專責訓練機構	發展使命、目標	疫後公務人力資源發展、數位學習情形
台灣	行政院人事行政總處公務人力發展學院乃專責中央與地方公務人員之訓練機構（國發會，2018；行政院人事行政總處，2021a）	1. 使命：「培育優質公務人力，提升治理效能」 2. 目標：「落實顧客導向培訓業務、建構虛實整合學習場域、推展多元策略合作網絡等」（行政院人事行政總處，2021a）	運用數位學習取得公務人員終身學習時數逐步增加（行政院人事行政總處，2021b）
中國大陸	1. 公務員培訓之主管機關分由國務院與地方政府人事部門職掌，並設國家與地方行政學院，尚有專業培訓中心等，中國大陸培訓公務員與幹部以黨校及公務員訓練機構為主 2. 公務員之行政發展採幹部教育培訓（CET）形式	2006 年實施《公務員法》，培訓原則：兼顧理論實際、實用一致，按需施教與講求實效	1. 《2018-2022 年全國幹部教育培訓規劃》培養忠誠、乾淨、擔當之高素質專業化幹部 2. 培訓內容：「黨的基本理論教育、黨性教育、專業化能力培訓與知識培訓」等 3. 其中知識培訓：「基礎性知識學習培訓與開展互聯網、大數據、人工智慧等新知識、新技能培訓，協助幹部履行職責所需之基本知識。」
	（許南雄，2021；新華社，2018；Jing, 2016）。		

國家地區	專責訓練機構	發展使命、目標	疫後公務人力資源發展、數位學習情形
日本	國家公務員與地方公務員各有不同之研修制度 1.國家公務員研修主管機關：「人事院及其所屬公務員研修所、總務省人事恩給局、各省廳及其所屬研修機關」 2.地方公務員研修主管機關單位：「總務省自治大學校（都道府縣公務員研修）、市町村公務員中央研修所、全國市町村國際文化研修所、各地方公共團體研修機關」（國發會，2018）	日本公務員「研修制度」目的：「1.養成初任人員適應及執行職務之知能。2.維持並增進執行職務之能力。3.賦予晉升與監督之能力。4.培養行政官」（文官學院，2016）	1.日本於2016年提出「社會5.0」，實現以人為本之繁榮社會。具體活動，例如人力資源發展與經由提升數位化創造價值（Fukuyama, 2018） 2.培養優秀數位人才，並延攬民間人才至行政機關（科技法律研究所，2021）
韓國	培訓機構：中央人事委員會、政府部門、政府專業培訓機關與各大學教學機關（考試院，2019a）	培訓類型： 1.基礎培訓：對象為剛錄用之公務員 2.專業培訓：拓展專門業務知能 3.倫理道德培訓：培養清廉正直之精神，所有公務員每2年或5年須參加一次 4.在職培訓：由各部門負責（考試院，2019a）	1.終身學習蔚為風潮：韓國公務人員每年應受訓時數為100小時。資訊化之環境，使公務員能積極參與線上學習（行政院人事行政局，2007） 2.疫情加速線上教育發展轉為常態。韓國「數位新政」亦重視人才培訓（歐宜佩，2020） 3.建立終身學習文化，承認經驗學習成果，例如學分銀行乃韓國終身學習政策之一（Choi & Kim, 2018）
新加坡	「公共服務學院」並非公務員培訓之唯一機構，尚有大學或具培訓功能之機構 （考試院，2019b）	1.願景為「新加坡公共服務學習與發展之樞紐」 2.使命：「建設世界一流的公共服務發展人力資源」 3.核心業務：「研究、課程設計、機關人力管理諮詢與實施訓練」	1.多元課程與數位學習：善用科技方法與數位學習方式，協助學員隨時皆可學習（考試院，2019b） 2.提升公務員數位能力以追求創新為打造數位政府策略之一（林賢文、戴廷宇，2020）

國家地區	專責訓練機構	發展使命、目標	疫後公務人力資源發展、數位學習情形
美國	美國為分權制的國家，聯邦及地方政府各有其訓練機構 1. 地方政府：可選擇派員至聯邦政府機構受訓、由人事機構自行辦理、與大學合作辦理或委由民間訓練機構辦理 2. 聯邦人事管理局及所屬各訓練中心：（1）聯邦人事管理局，負責聯邦總體人事管理。（2）聯邦行政主管學院負責聯邦政府高階文官訓練	1. 1958 年通過《公務人員訓練法》 2. 依據各層級所執行之職務，所需職能差異，各階層的訓練重點有所不同 3. 高級行政人員通才與專才培訓並重	1. USALearning 是美國聯邦公務人員線上進行數位課程學習的課程平台 2. 善用混成學習模式
	（文官學院，2017；許南雄，2021）		

　　綜上，台灣、中國大陸、日本、韓國、新加坡與美國，於公務人力資源培訓由專責機構負責，形式或有差異，以培育優質公務人力為使命，善用數位學習、混成學習等以提升公務員數位能力。韓國與新加坡公務員每年須完成 100 小時培訓。

第 **4** 章　疫後公務人力資源發展作法及其啟示

　　參訪美國公部門培訓運用數位學習建議：（1）善用混成學習模式；（2）發展無所不在學習；（3）靈活運用學習科技增加互動；（4）應用擴增實境；（5）落實績效管理；（6）完備資訊安全環境（文官學院，2017）。間斷均衡理論（punctuated equilibrium theory, PET）認為一些外部事件將引發改革，政策子系統的長期穩定被某些外在事件刺激或不連續的變化「打斷」。一些新危機，例如新冠肺炎大流行可能有助於打開改革窗口（Thompson, 2021）。

　　梳理前揭後疫情風險社會人力資源發展之趨勢與挑戰，比較台灣、中國大陸、日本、韓國、新加坡與美國疫後公務人力資源發展，據之提出後疫情公務人力資源發展作法及其對兩岸四地公部門啟示。新冠肺炎疫情益顯數位科技應用在因應疫情之潛力，例如居家辦公、遠距學習等；惟以風險社會之啟示，工業化前車之鑑，為免「數位科技」之反噬，提出疫後公務人力資源發展作法與啟示：一、公部門趨向數位政府與數位治理。二、公務人力資源發展作法與啟示，包括：重視人力資源發展以因應數位轉型、人才風險與隔空學習等。

壹、公部門趨向數位政府與數位治理

　　科技快速更迭，全球化與疫情加速公部門趨向數位政府與數位治理。

一、發展數位政府（digital government, DG）

　　數位政府是解決方案或是棘手問題（wicked problems）（Zhang & Kim, 2016）？公部門改革的結果不是由強有力的立法和無所不在的技術支持，而是由環境動態形塑，倘將數位政府僅視為技術問題、專注於單個組織之研究，並未掌握資

訊與通訊科技在情境下之作用（Castelnovo & Sorrentino, 2018）。Dawes 指出數位政府是動態的開放系統，包括政府之目的與任務、確認廣泛社會趨勢、關注科技不斷變化之本質、選擇和自我決定的人為因素、資訊創造與管理，以及持續的互動、變化與複雜性等面向（引自 Gil-Garcia, Dawes, & Pardo, 2018）。資訊科技在公共部門中無處不在，從公共管理之觀點，數位政府可以被視為創新、透明度和公共價值等之重要面向（Gil-Garcia, Dawes, & Pardo, 2018）。

綜上研究，有學者提出數位政府之動態情境、公共價值，亦有學者提出反思。因此推行數位政府，宜關注動態情境、公共價值與可能衍生之問題。

二、數位治理策略（digital governance）

疫情嚴重衝擊治理模式。「零接觸經濟」、「遠距工作」與「政府數位治理」等成為新常態。後疫情時代政府的數位治理策略（王可言、林蔚君，2021）：

1. 建立數位治理策略：規劃政府與民眾數位互動模式，經由數位科技，有效整合提供「一站式服務」，例如新加坡一站式防疫網。成立數位治理權責單位，注意創新、服務、隱私與道德之平衡。

2. 公務員數位能力人才培訓：數位治理成功關鍵在於培訓具數位能力之公務員。

3. 建立數位治理基礎建設，加速政府行政數位化、行動化。

綜上，數位治理為疫後新常態，除了治理策略、基礎設施、數位平台等，培訓具數位能力之公務員乃數位治理成功之關鍵。

貳、疫後公務人力資源發展作法與啟示 ─────────

公部門趨向數位政府與數位治理，同時強化數位轉型，爰需提升人力資源發展、人才風險與隔空學習。

一、提升人力資源發展以因應數位轉型（digital transformation）

　　組織內的員工受到疫情極大影響，需領導者和人力資源發展實務工作者之支持。因此，人力資源發展為關鍵參與者，為領導者提供支持，有助於組織在危機期間之應變能力（Ramlachan & Beharry-Ramraj, 2021）。疫情加速數位轉型，亦需重視其挑戰，提升人力資源發展。

（一）邁向「社會 5.0」

　　數位時代，數位轉型成為產業政策之支柱。2015 年，聯合國通過 2030 年永續發展目標（SDGs），日本於 2016 年提出「社會 5.0」，建立在社會 4.0 資訊社會之上，旨在實現以人為本之繁榮社會，同時達成經濟發展與解決社會挑戰。具體活動，例如人力資源發展與經由提升數位化創造價值。數位社會亦有一些副作用，例如安全風險與隱私議題；惟數位轉型乃無法迴避之路徑，「社會 5.0」能處理與提供減少負面影響之方法（Fukuyama, 2018）。

（二）實施數位轉型策略

　　台灣推動數位轉型，於數位人才培育業有相當成果，惟針對弱勢族群或中小企業，尚需強化人才培育，建議：「推動包容性數位教育措施，降低數位落差，完善在職教育與培訓」等（陳劍虹，2020）。數位轉型為未來國家競爭力之關鍵。數位轉型永續發展方向：「促進數位包容、公私部門協作、強化軟硬體整合與完善數位永續發展衡量指標」（陳治綸，2021）。數位轉型已發展多年，疫情更加速其發展。增強組織智慧資本之概念，為知識管理之重要基礎。智慧資本包括：人力資本、結構資本、社會資本與關係資本等，在企業運營融入各種科技的過程與創新的脈動為未來工作要素之基礎，其根源在於知識管理和智慧資本之研究（Kudyba, 2020; Kudyba, Fjermestad, & Davenport, 2020）。數位轉型能為企業帶來優勢，諸如生產與服務更具效率、符合顧客需求、縮短創新流程等；然而，採取數位轉型亦有挑戰，提出支持實施數位轉型策略之架構，包括確定轉型之範疇、掌握內外部資料來源、建立易於使用與加密之數據平台以保護隱私、培訓人員、建立夥伴關係、定義具體之人工智慧策略與能力、修改流程與程序、使用資訊與知識以執行核心活

動、任務與服務等（Correani, De Massis, Frattini, Petruzzelli, & Natalicchio, 2020）。

（三）終身學習以發展職能

公部門之數位轉型乃應用策略以實施許多經過深思熟慮和正當合理之數位化項目，該策略應考慮業務流程之重新設計（Gabryelczyk, 2020）。疫情加速教育之數位轉型，在課程方面，導入結合傳統面對面課室學習結合線上學習之混成學習課程（blended-learning courses）。以數位科技解決社交距離問題並適應新常態，惟組織需意識到獨特的人類能力：創造力、同理心、判斷力、直覺、人際敏感度與問題解決能力，乃目前機器不具備之特定的人際互動能力。為迎接挑戰與掌握機會，員工必須發展科技與人類技能，以及數位能力以提升成效。是以，需要終身學習以發展職能（Soto-Acosta, 2020）。

綜上研究，人力資源發展有助於組織在危機期間之應變能力。發現：（1）疫情加速數位轉型，數位轉型有優勢，亦存在諸多挑戰，爰需重視人力資源發展。（2）「社會 5.0」能因應數位轉型，Correani 等人提出實施數位轉型策略。（3）亦有學者提出需關注安全風險、數位包容、數位落差與保護隱私等挑戰。（4）為迎接挑戰，必須發展科技與人類技能，培訓數位能力，終身學習以發展職能，重視人類無可取代之特質能力、知識管理與智慧資本等人力資源發展。

二、管理人才風險（Talent risk）

風險已成為組織的重要組成部分（Hardy, Maguire, Power, & Tsoukas, 2020）。風險是關於不確定性，未來可能發生之事件，以及可能與最初預期不同之結果。人才風險為大都數組織風險之一，人才是寶貴、稀有、難以模仿之資源，企業能吸引與留任具有才能與適合人才，以提升競爭優勢。提出模型以管理人才，減少企業失去有價值人才的可能性：（1）人員離開組織之可能潛在因素包括員工對工作不滿意、員工非常有才華與非常熱門的就業市場。（2）失去某位員工的嚴重程度評估：員工從事工作之複雜度、更換困難度與員工離職時，企業流失知識等。在快速變遷之時代，管理人才風險為企業重要議題，在新興經濟體，亦成為國家政策，影

響其競爭力（Hatum & Preve, 2015）。爰需管理人才風險。

三、疫情促進隔空學習（distance learning）應用契機

　　隔空教育（distance education）亦稱遠距教育，通常教師與學習者不直接互動，經由教學機構設計系統性之教學材料協助學習者，使學習者直接與教材互動，學習者與教師或機構間具有雙向溝通機會（黃富順，2010）。

　　後疫情時代非正規隔空學習之前瞻：「1.移動學習、共享經濟與視訊會議等促進同步互動共學並提升學習平台互動性；2.培養自主學習能力以因應數位時代」。後疫情時代成人非正規隔空學習策進作為：「1.強化成人非正規隔空學習之契機、2.拓增成人共學，以補自學之不足、3.成人非正規學習成就採計宜突破藩籬、4.合宜規劃實體課程與隔空學習課程之比率」（楊秀燕、王政彥，2021）。前揭隔空學習之前瞻與策進作為可資後疫情公務人力資源發展作法之參考。

第 5 章　結語

　　新型冠狀病毒疫情衝擊全球諸多面向，疫情加速數位轉型，數位移動、遠距工作與遠距學習等成為疫後新常態，以成人教育行政觀點探討後疫情風險社會公務人力資源發展作法與啟示。針對實務運作及相關研究以文獻回顧分析、比較研究，歸納發展趨勢與挑戰，比較台灣、中國大陸、日本、韓國、新加坡與美國疫後公務人力資源發展作法，進而提出疫後公務人力資源發展作法及其對兩岸四地公部門啟示，據以總結：後疫情風險社會，公部門因應疫情加速數位轉型，存在挑戰，尚需培訓公務人力數位知能，爰需重視人力資源發展與職涯發展等面向。具體而言，首先，公部門發展數位轉型：疫情加速數位轉型，數位轉型具有優勢，亦存在挑戰，可參考日本「社會 5.0」、「韓國新政」、新加坡「智慧國家 2025」，契合聯合國永續發展目標，亦應重視以人為本、正視安全、隱私與數位包容等。其次，疫後風險社會人力資源發展益顯重要：風險已成為組織之重要組成部分，需重視人力資源之動態「發展」歷程與挑戰，人力資源發展落實於實務面，不囿於教育、訓練與發展知能；獨特的人際互動能力難以數位科技取代，智慧資本、知識管理與人才風險管理等，尚有發展空間。實體課室學習、遠距學習與混成學習多元發展，推展線上自學與同步互動共學。最後，公務員個人職涯發展：風險社會等許多疫後新常態，公務員面對內外在環境驟變，需強化終身學習、數位知能與自主學習，將危機與挑戰轉化為提升職涯發展契機。據此，期能為公務員與公部門等相關單位擘劃疫後公務人力資源發展策略之參考，精進公務人力資源再發展。

參考文獻

一、中文文獻

文官學院（2016）。**出國考察：104年度日本中高階文官培訓**。資料檢索日期：2022年2月5日。網址：https://www.nacs.gov.tw/News.aspx?n=3923&sms=12387&_CSN=72。

文官學院（2017）。**美國公部門培訓運用數位學習與科技考察報告**。資料檢索日期：2022年2月4日。網址：https://ws.csptc.gov.tw › Download。

王可言、林蔚君（2021）。後疫情時代政府的數位治理。考試院「**國家人力資源論壇**」第6期。資料檢索日期：2022年2月2日。網址：https://reurl.cc/bkvKzX。

王重仁、陳心懿（2021）。斜槓人生：多元職涯態度工作者之職涯適應力、職涯滿意度與專業承諾間之研究。**商略學報**，13（3），219-234。doi:10.3966/2073214720210913030004。

王聖閔（2018）。2018年APEC人力資源發展議題之發展走向。**臺灣經濟研究月刊**，41（11），113-118。doi: 10.29656/term.201811.0015。

江星穎（2021）。韓國力推數位新政帶動創新科技發展。**臺灣經濟研究月刊**，44（6），80-86。doi: 10.29656/TERM.202106_44(6).0012。

考試院（2019a）。**考試院108年度考銓業務國外考察韓國考察報告**。資料檢索日期：2022年2月6日。網址：https://ws.exam.gov.tw›Download。

考試院（2019b）。**107年度考銓業務國外考察報告：新加坡公務人力培訓制度之考察**。資料檢索日期：2022年2月3日。網址：https://ws.exam.gov.tw›Download。

行政院（2020）。**第十一次全國科學技術會議**。資料檢索日期：2021年12月23日。網址：https://web.most.gov.tw/tc/11th/。

行政院人事行政局（2007）。**韓國人力資源發展機構業務運作考察報告**。資料檢索日期：2022年2月11日。網址：https://reurl.cc/9Olmqn。

行政院人事行政總處（2018）。**公務人力發展學院《107年度訓練成果總報告》**。資料檢索日期：2022年1月2日。網址：https://www.hrd.gov.tw/1122/2142/4546/Lpsimplelist。

行政院人事行政總處（2020）。**公務人力發展學院《109年度訓練成果總報告》**。資料檢索日期：2022年1月2日。網址：https://www.hrd.gov.tw/1122/2142/4546/Lpsimplelist。

行政院人事行政總處（2021a）。**公務人力發展學院**。資料檢索日期：2022年1月2日。網址：https://www.hrd.gov.tw/。

行政院人事行政總處（2021b）。**e等公務園+學習平臺**。資料檢索日期：2021年12月18日。網址：https://elearn.hrd.gov.tw/mooc/index.php。

行政院人事行政總處（2022）。**公務人員終身學習入口網站**。資料檢索日期：2022年1月15日。網址：https://lifelonglearn.dgpa.gov.tw/intro.aspx。

吳岳軒（2016）。英國與美國公務人員職涯發展培育措施之探討。**人事月刊**，367，52-66。

吳怡如、翁楊絲茜、葉怡宣、陳姿佑（2012）。學習風格對混成學習參與度與成效之研究——以公務人員為例。**技職教育期刊**，6，61-76。

吳鈴筑、張子超（2018）。分析臺灣公務人員環境教育之學習時數、內容類型與方法：以100年至105年申報資料為基礎。**環境教育研究**，14（1），1-37。

呂嘉弘、黃生（2019）。全球職涯發展師（GCDF）核心價值與職能評量內容評析。**中華管理發展評論**，8（2），11-17。

李永展（2020）。新冠疫情下的風險社會及可能出路。**經濟前瞻**，189，18-24。

李瑛、何青蓉、方顥璇、方雅慧、徐秀菊（2018）。**成人學習與教學**。新北市：空中大學。

沈建中（2008）。論中國大陸公務人員公務人力資源培訓策略從公務人員培訓法制研析。**展望與探索**，6（7），23-41。

林皆興、邱靖蓉（2010）。策略性公務人力教育訓練與管理發展。**政策與人力管理**，1（2），37-61。doi: 10.29944/PPM.201012.0002。

林賢文、戴廷宇（2020）。新加坡數位政府計畫推動實務。**國土及公共治理季刊**，8（3），100-107。

法務部（2022）。**法規資料庫《公務人員訓練進修法》**。資料檢索日期：2022年2月2日。網址：https://law.moj.gov.tw/。

科技法律研究所（2021）。**日本內閣閣議決定朝向實現數位社會之重點計畫**。資料檢索日期：2022年2月17日。網址：https://reurl.cc/RrvKY9。

徐育安（2017）。傳統刑法理論與現代風險社會──以食安法爭議為核心。**臺北大學法學論叢**，104，73-135。

高文彬（2012）。**人力資源發展職能基礎觀點**。台北市：雙葉。

國發會（2018）。公務出國報告資訊網《日本地方公務人力資源發展及培訓業務考察報告》。資料檢索日期：2022年1月26日。網址：https://reurl.cc/zZA2KV。

國發會（2019）。**出席2019年智慧國家高峰會**。資料檢索日期：2022年2月20日。網址：https://reurl.cc/pWGeKl。

國發會（2020）。**服務型智慧政府2.0推動計畫（110年至 114年）**。資料檢索日期：2022年2月4日。網址：https://reurl.cc/7eazly。

國發會（2021）。**國家發展計畫（110至113年）**。資料檢索日期：2022年2月1日。網址：https://reurl.cc/RjN3DZ。

許南雄（2021）。**各國人事制度──比較人事制度**。台北市：商鼎。

郭振昌（2020）。國際倡議人力資源發展的新主張與省思。**新社會政策**，66，72-77。

陳治綸（2021）。後疫情時代數位轉型驅動永續發展契機。**經濟研究**，21，172-208。

陳劍虹（2020）。數位經濟發展對勞動市場影響與因應。**經濟研究**，20，107-129。

曾秋桂（2014）。烏爾利希‧貝克「風險社會」論述下的日本原發文學書寫──對應出311東日本大震災重創日本後的「改變」。**淡江外語論叢**，23，177-196。

黃富順（2010）。**成人教育導論**。台北市：五南。

新華社（2018）。2018-2022年全國幹部教育培訓規劃。資料檢索日期：2022年1月27日。網址：https://reurl.cc/ak3KA7。

楊秀燕、王政彥（2021）。後疫情時代成人非正規隔空學習之策進作為。**教育研究月刊**，323，76-91。

廖珮妏、許立群、余鑑、于俊傑（2012）。從微觀至鉅觀──運用現象學探討人力資源發展。**淡江人文社會學刊**，49，56-83。doi: 10.29718/TJHSS.201203.0003。

歐宜佩（2020）。後疫情時代的新數位政策議題研析──以新加坡及韓國為例。**經濟前瞻**，191，94-100。

Urich Beck（著），汪浩（譯）（2004）。**風險社會──通往另一個現代的路上**（*Risikogesellschaft: Auf dem Weg in eine andere Moderne*）。台北市：台灣編譯館（原著出版於 1986）。

二、外文文獻

Akingbola, K. (2020). COVID-19: The Prospects for Nonprofit Human Resource Management. *Canadian Journal of Nonprofit & Social Economy Research / Revue Canadienne de Recherche sur les OSBL et L'économie Sociale, 11*(1), 16-20. doi: 10.29173/cjnser.2020v11n1a372.

Bereday, G. (1964). *Comparative Method in Education*. New York: Holt Rinehart and Winston Inc.

Castelnovo, W., & Sorrentino, M. (2018). The Digital Government Imperative: A Context-aware Perspective. *Public Management Review, 20*(5), 709-725. doi: 10.1080/14719037.2017.1305693.

Choi, D. M., & Kim, H. (2018). Characteristics of Lifelong Learning Policy and Developmental Tasks of South Korea. *Korean Journal of Comparative Education. 28*(5), 47-69.

Correani, A., De Massis, A., Frattini, F., Petruzzelli, A. M., & Natalicchio, A. (2020). Implementing a Digital Strategy: Learning from the Experience of Three Digital Transformation Projects. *California Management Review, 62*(4), 37-56. doi: 10.1177/0008125620934864.

Freudendal-Pedersen, M., & Kesselring, S. (2021). What is the Urban without Physical Mobilities? COVID-19-induced Immobility in the Mobile Risk Society. *Mobilities, 16*(1), 81-95. doi: 10.1080/17450101.2020.1846436.

Fukuyama, M. (2018). Society 5.0: Aiming for a New Human-centered Society. *Japan Spotlight*, *27*, 47-50.

Gabryelczyk, R. (2020). Has COVID-19 Accelerated Digital Transformation? Initial Lessons Learned for Public Administrations. *Information Systems Management, 37*(4), 303-309. doi: 10.1080/10580530.2020.1820633.

Gil-Garcia, J. R., Dawes, S. S., & Pardo, T. A. (2018). Digital Government and Public Management Research: Finding the Crossroads. *Public Management Review, 20*(5), 633-646. doi: 10.1080/14719037.2017.1327181.

Gill, R. (2020). Graduate Employability Skills through Online Internships and Projects during the COVID-19 Pandemic: An Australian Example. *Journal of Teaching and Learning for Graduate Employability, 11*(1), 146-158.

Guan, Y. J., Deng, H., & Zhou, X. Y. (2020). Understanding the Impact of the COVID-19 Pandemic on Career Development: Insights from Cultural Psychology. *Journal of Vocational Behavior, 119,* 103438. doi: 10.1016/j.jvb.2020.103438.

Hall, J. L., & Battaglio, R. P. (2019). Get your Shades Now-The Future's still Bright: Leveraging Human Resources for Tomorrow's Public Service. *Public Administration Review, 79*(3), 301-303. doi: 10.1111/puar.13066.

Hamouche, S. (2021). Human Resource Management and the COVID-19 Crisis: Implications, Challenges, Opportunities, and Future Organizational Directions. *Journal of Management & Organization*, 1-16. doi: 10.1017/jmo.2021.15.

Hamouche, S., & Chabani, Z. (2021). COVID-19 and the New Forms of Employment Relationship: Implications and Insights for Human Resource Development. *Industrial and Commercial Training, 53*(4), 366-379.

Hardy, C., Maguire, S., Power, M., & Tsoukas, H. (2020). Organizing Risk: Organization and Management Theory for the Risk Society. *Academy of Management Annals, 14*(2), 1032-1066. doi: 10.5465/annals.2018.0110.

Hatum, A., & Preve, L. A. (2015). Managing Talent Risk. *Harvard Deusto Business Research, 4*(1), 34-45. doi: 10.3926/hdbr.70.

Hensell, S. (2016). Staff and Status in International Bureaucracies: A Weberian Perspective on the EU Civil Service. *Cambridge Review of International Affairs, 29*(4), 1486-1501. doi: 10.1080/09557571.2015.1118995.

Jacobs, R. L. (2017). Knowledge Work and Human Resource Development. *Human Resource Development Review, 16*(2), 176-202. doi: 10.1177/1534484317704293.

Jing, Y. (2016). Civil Service Executive Development in China: An Overview. In Andrew Podger & John Wanna (Eds.), *Sharpening the Sword of State: Building Executive Capacities in the Public Services of the Asia-Pacific* (pp. 49-66). Australia: Australian National University Press. doi: 10.22459/sss.11.2016.03.

Jordan, T., & Battaglio Jr, R. P. (2014). Are We there yet? The State of Public Human Resource Management Research. *Public Personnel Management, 43*(1), 25-57. doi: 10.1177/0091026013511064.

Kravariti, F., & Johnston, K. (2020). Talent Management: A Critical Literature Review and

Research Agenda for Public Sector Human Resource Management. *Public Management Review, 22*(1), 75-95. doi: 10.1080/14719037.2019.1638439.

Kudyba, S. (2020). COVID-19 and the Acceleration of Digital Transformation and the Future of Work. *Information Systems Management, 37*(4), 284-287. doi: 10.1080/10580530.2020.1818903.

Kudyba, S., Fjermestad, J., & Davenport, T. (2020). A Research Model for Identifying Factors that Drive Effective Decision-making and the Future of Work. *Journal of Intellectual Capital, 21*(6), 835-851. doi: 10.1108/JIC-05-2019-0130.

Lo Presti, A., Magrin, M. E., & Ingusci, E. (2020). Employability as a Compass for Career Success: A Time lagged Test of a Causal Model. *International Journal of Training & Development, 24*(4), 301-320. doi: 10.1111/ijtd.12198.

Mani, B. G. (2019). The Human Capital Model or Location! Location! Location!? The Gender-Based Wage Gap in the Federal Civil Service. *Gender Issues, 36*(2), 152-175. doi: 10.1007/s12147-018-9217-1.

Pietrocola, M., Rodrigues, E., Bercot, F., & Schnorr, S. (2021). Risk Society and Science Education Lessons from the COVID-19 Pandemic. *Science & Education, 30*(2), 209-233. doi: 10.1007/s11191-020-00176-w.

Ramlachan, K., & Beharry-Ramraj, A. (2021). The Impact of COVID-19 on Employees, Leadership Competencies and Human Resource Development. *Gender & Behaviour, 19*(1), 17227-17247.

Soto-Acosta, P. (2020). COVID-19 Pandemic: Shifting Digital Transformation to a High-speed Gear. *Information Systems Management, 37*(4), 260-266. doi: 10.1080/10580530.2020.1814461.

Thompson, J. R. (2021). Civil Service Reform Is Dead: Long Live Civil Service Reform. *Public Personnel Management, 50*(4), 584-609. doi: 10.1177/0091026020982026.

Werner, J. M., Anderson, V., & Nimon, K. (2019). Human Resource Development Quarterly and Human Resource Development: Past, Present, and Future. *Human Resource Development Quarterly, 30*(1), 9-15. doi: 10.1002/hrdq.21340.

Zhang, Z. (2015). Crowding Out Meritocracy? - Cultural Constraints in Chinese Public Human Resource Management. *Australian Journal of Public Administration, 74*(3), 270-282. doi:

10.1111/1467-8500.12146.

Zhang, J., & Kim, Y. (2016). Digital Government and Wicked Problems: Solution or Problem? *Information Polity, 21*, 1-7. doi: 10.3233/IP-160395.

第 **4** 篇

疫情衝擊下中高齡人力發展策略之比較

第 1 章 前言

　　Omicron 新冠變種病毒於 2021 年 11 月出現在南非之後，再度產生新一波全球疫情，儘管各地區已經開始施打疫苗，美國、歐洲、澳洲及日本等地的確診數不斷攀升，就連台灣也無法倖免，傳出本土社區感染。自從 2019 年 12 月中國大陸武漢傳出新冠肺炎（Coronavirus disease 2019, COVID-19）疫情後，便迅速傳染蔓延至全球各地，2022 年 1 月 7 日世界衛生組織統計全球累計確診數突破 3 億，死亡人數超過 547 萬人。面對高度傳染力的疫情衝擊，世界各地都正在經歷生活方式的改變（衛生福利部疾病管制署，2022）。各地區為了因應疫情所採取的各種感染管制措施，也直接或間接影響每個人身體和心理的變化，疫情改變人們原有的社會關係及工作模式，對於經濟發展層面影響甚鉅，同時也增加各式的社會風險，帶給各地區許多重大的影響。

　　全世界高齡化及少子化趨勢，引發的問題擴及人口結構、勞動人力、經濟成長、社會發展等國家重要議題。各層次領域專業及勞動人才培力、留任，是各地區應該積極規劃的方向，全球各地在中高齡人力發展政策上，除繼續延攬優秀人才之外，對於中高齡人才再運用，也成為各地區積極推展的重要政策之一，如亞洲台灣、日本、韓國……，針對中高齡人才勞動規劃及職業再造，都有具體的政策法規，並持續執行中，而西方地區如美國，在未來二十年，嬰兒潮世代也仍將構成美國社會的主要力量（勞動部，2021a）。

　　在疫情的衝擊下，各地區政府在中高齡人力發展運用上，是否有積極的目標及作為，來穩定勞動市場的中高齡人力再運用，降低疫情帶來的社會風險成本，以作為疫後經濟恢復的準備，本篇將做進一步各地區資料的蒐集及分析比較。本篇文獻回顧的主要文本資料來源為各地區之政府機關的官方報告、統計資料，以及社會科學的研究檔案或重要網路資訊等。此外在地區的選擇上，首先參酌 OECD

（Organisation for Economic Cooperation and Development）地區中，其 55-64 歲族群的勞參率超過 60%的地區，包含美國（61.3%）、英國（61%）、德國（67%）、日本（68.6%）等四個地區（勞動部，2021a）。先探討及描述新冠肺炎衝擊下帶來的風險綜觀，台灣及上述四個地區所採取的防疫及補助紓困措施，藉由各地區資料比較分析，尤其中高齡人力發展的影響，在制度面或學習層面，整理出一些觀點供讀者參考。

本篇採文件資料蒐集，透過閱讀重要國際組織及國家的官方資料，進一步進行「比較研究」。「比較研究」（comparative research）是社會科學經常運用研究方法，有以下步驟（黃春長、王維旎，2016）：

1. 描述（description），進行研究事物描述，目的是為了有系統地陳述所探討事物或研究目標的資訊，以使研究者對研究對象有正確而客觀的了解。為了詳細敘述，研究者需要進行廣泛而完整的資料蒐集，資料大致可分為三類：一手資料、次級資料與輔助資料。在此階段，本研究蒐集台灣及各地區（日本、英國、美國、德國）的勞動力參與現況，以及中高齡以上就業政策之重點。

2. 詮釋（interpretation）進行研究事物的解釋，以對描述事物內容中各種現象產生的原因、代表的意義和影響有進一步的了解。

3. 併排（juxtaposition）是將前二階段的描述與解釋所收集的資料進行併排與製作圖表。

4. 比較（comparison）指對各地區的資料詳加反覆研究比較，以便獲得明確的結論。

本篇分析比較目的有三點：第一點是了解疫情對各地區中高齡人力應用之影響；第二點是疫情期間各地區中高齡人力發展目標及促進作為；第三點是比較各地區疫情期間中高齡人力發展策略異同；最後並提出建議提供讀者參考。本篇共分為六個部分，前言、各地區中高齡人力發展現況、疫情期間各地區的重大影響、疫情期間各地區中高齡人力發展目標及作為、疫情期間各地區中高齡人力發展策略之比較，以及結語與建議。

第2章　各地區中高齡人力發展現況

2019 年台灣勞動部公告《中高齡及高齡者就業促進法》，其中定義中高齡的年紀為 45 歲以上至 64 歲之人，而高齡者是指逾 65 歲之人（法務部，2020），本篇以台灣法定之中高齡之年齡定義，作為此次五個地區（台灣、美國、英國、德國、日本）比較對象之年齡定義。

壹、全球人口結構老化與勞動力高齡化趨勢

全球人口老化中是既定的事實，2019 年 6 月聯合國世界人口展望報告《World Population Prospects 2019》說明新生人口減少、老年人數急速成長、更多國家面臨人口數下滑三大趨勢（Department of Economic and Social Affairs [DESA], 2022）。世界衛生組織（World Health Organization, WHO）定義，65 歲以上老年人口占 7% 以即為高齡化社會，14% 為高齡社會，達 20% 為超高齡社會，本篇列入比較的四個地區都已經進入高齡社會的門檻，其中日本跟德國甚至已達超高齡社會的標準（WHO, 2020）。在人口結構改變的情形下，企業界正面臨專業及基礎勞動人才流失或退休問題，因此也看到各地區祭出各種政策來延攬優秀人才，企圖提升中高齡的勞動參與力，相對情況下，也必須積極地擬定相關國家政策以因應中高齡的人力發展需求，以下就各地區人口結構變化簡要說明，進一步了解在各地區老年人口結構及勞動參與率（以下簡稱勞參率）變化之趨勢。

一、台灣

台灣在 1993 年達到老年人口 7%，正式進入高齡化社會，2018 年進入高齡社會（65 歲以上老年人口 14%），推估 2025 年將正式達到超高齡社會（65 歲以上老年人口達到 20%）（行政院主計處，2021）。台灣人口老化的速度，從高齡社

會到超高齡社會只有 7 年的時間，而各年齡層的勞參率，受各地區訂定之法定退休年齡影響，台灣法定退休年齡是 65 歲，根據勞動部勞動統計調查，2020 年 45-64 歲（中高齡）之勞參率平均為 64%，65 歲以上（高齡者）勞參率平均為 8.78%，較 2010 年增 0.7 個百分點，近年介於 7.9-8.8％間。2021 年中高齡之勞參率平均為 64.65%，高齡者以上勞參率平均為 9.22%，較上年同期（8.7%）增 0.5 個百分點（行政院主計處，2021）。根據以上數據顯示台灣中高齡的勞參率正逐年增加中，另一個需要注意的問題是台灣 15-64 歲工作年齡人口占總人口比率，自 2015 年起逐步下降，2016 年扶老比高過扶幼比，「戰後嬰兒潮」世代（1949-1964 年）的人陸續年滿 65 歲，台灣的勞動力供給將呈緊縮與老化（Kim & Shi, 2020）。

二、美國

美國於 1942 年老年人口占總人口比例於達 7%，2015 年達 14%，預估在 2036 年即將達到 20%。美國從高齡社會到超高齡社會預估歷經 21 年的時間。45-49 歲勞參率（82.2%）、50-54 歲（79.1%）、55-59 歲（72.1%）、60-64 歲（57.1%）、65 歲以上（19.4%）（Department of Labor Logo United States Department of Labor [U.S. Department of Labor], 2022）。

三、英國

英國於 1929 年老年人口占總人口比例於達 7%，1976 年達 14%，於 2020 年達到 20%（Department for Work and Pensions [DWP], 2022）。英國從高齡社會到超高齡社會歷經 44 年的時間，但英國是比較地區中最早進入高齡化社會的地區。35-49 歲勞參率（87.5%）、50-64 歲（74.1%）、65 歲以上（7.4%）（DWP, 2022）。

四、德國

德國於 1932 年老年人口占總人口比例於達 7 %，1972 年達 14%，並在 2009 年已經達到 20%（Bundesministerium für Arbeit und Soziales [BMAS], 2022）。德國從高齡社會到超高齡社會雖然歷經 37 年的時間，但算是比較地區中較早進入高齡化及超高齡社會的地區。根據資料顯示，2019 年德國女性的勞參率為 57%，而男

性為 67%，低於美國和其他一些歐洲國家。45-49 歲勞參率（89.1%）、50-54 歲
（87.9%）、55-59 歲（83.7%）、60-64 歲（62.8%）、65 歲以上（7.4%）
（BMAS, 2022）。

五、日本

日本於 1970 年老年人口占總人口比例於達 7.1%，1994 年達 14%，在 2005 年
達到了 20%（厚生勞働省，2021a）。日本從高齡社會到超高齡社會僅歷經 12 年
的時間，也是比較地區中最早達到超高齡社會的地區。45-49 歲勞參率
（88.5%）、50-54 歲（87.6%）、55-59 歲（84.1%）、60-64 歲（73.1%）、65 歲
以上（25.5%）（厚生勞働省，2021b）。

各地區最晚在 2036 年都將陸續成為超高齡社會，勞動力人口趨勢發展，勢必
是朝向中高齡就業促進，以穩定就業市場。針對中高齡勞參率的提升，與各地區法
定退休年齡及養老補助金或是否尚有其他相關政策，將在下一章延續說明。本章就
以上資料，整理各地區高齡化老年人口趨勢表（表 4-1）、各地區中高齡勞參率一
覽表（表 4-2）

表 4-1　各地區人口高齡化趨勢表

時間	社會型態／地區	台灣	日本	美國	英國	德國
到達 年度	高齡化社會（高齡人口占 7%）	1993	1970	1942	1929	1932
	高齡社會（高齡人口占 14%）	2018	1994	2015	1976	1972
	超高齡社會（高齡人口占 20%以上）	2025	2006	2036	2020	2009
到達 年數	高齡社會	25	24	73	47	40
	超高齡社會	7	12	21	44	37

資料來源：筆者整理自勞動部（2021b）。

表 4-2　各地區中高齡勞動參與率比較表（2020 年）

年齡／地區	台灣	日本	美國	英國	德國
45-49 歲	84.1	88.5	82.2	87.5	89.1
50-54 歲	75.2	87.6	79.1	74.1	87.9
55-59 歲	57.6	84.1	72.1	--註	83.7
60-64 歲	37.7	73.1	57.1	--註	62.8
65 歲以上	8.8	25.5	19.4	10.72	7.4

資料來源：筆者整理自勞動部（2021b）。

註：英國勞動參與率年齡分層與其他地區不同。

貳、各地區中高齡人力發展現況

　　本篇參考經濟合作發展組織（OECD）、國際勞工組織（International Labour Organisation, ILO）以及各地區勞動統計年刊、政府網站資料，以瞭解台灣與世界各地區的勞動情勢變動，包括一、各地區官方退休法定年齡及實際勞動市場退休情況以及退休養老金支付說明，二、分別說明各地區疫情之前在中高齡就業政策之重點內涵。以下就台灣、美國、英國、德國、日本等五個地區，分別陳述。

一、各地區退休年齡及養老補助金現況

（一）台灣

　　台灣的退休可分為以下幾種：屆齡退休，60 歲就是勞退新制屆齡，也就是到時候可領出帳戶內退休金。年資滿 15 年以上才能選月退休金或一次領。若是未滿 15 年年資，只能一次請領。根據新制的規定不僅可以領取退休金，同時只要雇主與員工願意繼續維持勞僱關係，員工是可以一方面領著薪資，一方面領退休金。延期退休或者退休後另外被僱用，只要勞僱雙方能夠達成協議即可，勞方有意願且可以勝任，雇方覺得有價值就可達成。退休金是享受免稅的，但新聘僱契約下的所得，是要申報，繳納所得稅的。企業雇主原則上是不能強迫員工退休，只有在員工年滿 65 歲或者擔任具有危險，堅強體力等特殊性質之工作者，才可以請員工退休，但不得少於 55 歲（勞動部，2021a）。

請領年齡 2009-2017 年，年滿 60 歲，2018 年即提高至 61 歲，2020 年提高至 62 歲，2022 年提高為 63 歲，2024 年為 64 歲，2026 年以後為 65 歲。到達法定請領老年退休金年齡時，個人可申請提前或延後領取，提前或延後最多五年，每一年減或增 4%，最高以 20%為限。換言之，最早提前退休是 55 歲，只能領取 80%的退休金，最晚延後是 65 歲，可領取 120%的退休金（勞動部，2021a）。

（二）美國

美國根據出生日期的不同，設定不同的正常退休年齡，比如 1937 和 1937 年以前出生者，退休年齡是 65 歲；1943-1954 年間出生者，退休年齡是 66 歲；1960 和 1960 年後出生的人，退休年齡是 67 歲。年滿 62 歲就可以開始領退休金，但要打 7 折，每推遲一個月領取，打的折扣就少一些，在正常退休年齡內退休的人，可以領取全額退休金；如果延遲退休，養老金水平也會提高，最高是 132%。美國從 2000 年開始推行延遲退休政策，每年提高一個月左右，到 2027 年將領取全額養老金的退休年齡，從 65 歲延長到 67 歲（U.S. Department of Labor, 2022）。

（三）英國

英國原法定退休年齡為男 65 歲，女 60 歲；實際平均退休年齡為 62.6 歲，男 63.6 歲，女 61.7 歲。過去英國公司一般會強制員工 65 歲退休，目前將逐步取消 65 歲法定退休年齡的限制，國民將獲得自由選擇退休年齡的權利。在 2017 年提出將在 2037-2039 年間，提高退休年齡至 68 歲之提議。在 2020 年 4 月 6 日到 10 月 1 日期間，除已經被告知 4 月 6 日前退休，或者本人已經提出申請確定在 10 月 1 日前退休的員工可以被強制退休。2020 年 10 月 1 日以後，用人單位將不能再援引法定退休年齡政策來強制任何員工退休（柯婉琇，2022）。

（四）德國

德國退休年齡一直在進行調整。2012 年聯邦議院決定，2012-2023 年，退休年齡每年延長一個月；2024-2029 年，每年延長兩個月，這意味著 1964 年以後出生的人將在 67 歲才能退休。德國的退休保險制度（養老制度），分為三個層次，分

別為（1）工作期間的法定退休保險：法定退休保險是全世界歷史最悠久的社會保險，創辦於 1891 年。一開始費率是月薪的 1.7%，逐年調高；1970 年以來維持在 18-20%之間；2013 年 1 月 1 日起是 18.9%，勞資各半負擔。（2）企業退休保險：這是在法定退休保險之餘，雇主額外提供給受僱人的養老保險，常作為業者吸引人才號召之用的「公司福利」。形式主要有二：為員工購買商業年金保險，為員工購置基金或股票（但員工退休前不能動用）。（3）個人養老（如人壽保險或不動產等等）：每個人在上兩層之外，用自己的資金準備的養老計畫（BMAS, 2022）。

（五）日本

在 70 年代時，日本規定的退休年齡為 55 歲，到了 80 年代，退休年齡被延長到 60 歲。2013 年 4 月 1 日，日本《高齡者僱用安定法》修正法正式實施，該法規定企業有義務繼續僱用面臨退休但有工作意願的 65 歲以下員工，受此影響，日本的實際退休年齡進一步延長到 65 歲，法案後面的背景，則是養老金領取年齡的延後。男性可領取養老金的年齡從 60 歲提高至 61 歲，2025 年還將提高至 65 歲；女性則比男性晚五年實施。而《改正高年齡者僱用安定法》於 2020 年 3 月由國會表決通過，2021 年 4 月 1 日起正式實施，是導入員工可以繼續工作到 70 歲的退休制度，並規範企業可以通過提高或取消退休年齡以及返聘等方式，為有意願工作到 70 歲的老年人，目前尚無強制性。（厚生勞働省，2012）。

二、各地區在疫前中高齡者就業現況及政策之重點內涵

（一）台灣

根據台灣勞動部 2020 年勞動統計通報，中高齡就業現況有幾項特點：女性增幅高於男性（相較於 2019 年，女性增加 4.4 萬人或 2.3%，高於男性之 0.5 萬人或 0.2%），就業者以從事製造業最多、批發及零售業次之，就業者之職業以生產操作及勞力工最多，就業者從事部分時間、臨時性或人力派遣工作比重續增（勞動部，2021a）。

台灣中高齡就業政策內容架構最完善的是 1999 年的「促進中高齡就業措

施」，主要是協助有工作能力及工作意願之中高齡就業能力再開發、轉業，及退休後再就業，並排除其就業障礙（黃春長、王維旎，2016）。之後為鼓勵中高齡就業，陸續推出相關政策，說明如下：

1. 2002 年頒訂〈就業促進津貼辦法〉，其措施包含臨時工作津貼、求職交通補助金、職業訓練生活津貼、創業貸款利息補貼等，是為協助特定對象失業者與非自願離職再就業的重要措施。

2. 2007 年發布的職場學習再適應計畫，適用個案包含僱用年滿 40 歲至 65 歲失業者的用人單位，協助長期失業且弱勢之中高齡就業準備及就業適應，進而協助其重返職場。

3. 2008 年公告「高齡化社會勞動政策白皮書」。此政策白皮書揭示以「有活力的老年」與「有生產力的老年」作為兩個政策理想，推動四項策略，包括職場環境、雇主端及勞工端，還有企業與政府之間的相關層面。

4. 2009 年開始推行微型創業鳳凰計畫，其目的是提升台灣婦女及中高齡民眾勞參率，建構創業友善環境，協助女性及中高齡民眾發展微型企業，創造就業機會，提供創業陪伴服務及融資信用保證專案。

5. 2010 年頒布〈就業保險促進就業實施辦法〉，提供僱用獎勵措施以提升企業競爭力，降低人事成本，有僱用就業服務中心推介之失業者的雇主，每個月可獲得政府獎助。

6. 2011 年公布缺工獎勵計畫，辦理鼓勵失業勞工受僱特定行業的津貼補助，其目的為鼓勵失業勞工受僱特定行業從事工作，舒緩特定行業缺工情形，並兼顧穩定失業勞工就業以及降低台灣聘僱外籍勞工之目的。

7. 2015 年訂定中高齡職務再設計計畫，其理念是為了因應中高齡在勞動市場競爭力較為弱勢，期能協助事業單位建構一個人性化、友善及安全的職場環境，並得以協助中高齡突破生理及心理上之限制，獲得適性及穩定的工作，以發揮中高齡的職場優勢。

8. 2016 年規劃《中高齡及高齡者就業促進法》，於 2020 年 5 月 1 日執行，目

的落實尊嚴勞動，提升中高齡勞動參與，促進高齡者再就業，保障經濟安全，鼓勵世代合作與經驗傳承，維護中高齡及高齡者就業權益，建構友善就業環境，並促其人力資源之運用（馬財專，2021）。

9. 2020 年推動職務再設計服務計畫，將身心礙障者、中高齡、高齡者、失智症確診者等對象服務整合為單一服務計畫（馬財專，2021）。

以上是台灣推展促進中高齡就業相關辦法，目的希望協助中高齡克服就業障礙、或是促進職場的代間交流。

（二）美國

美國是比較地區中以最長時間（73 年）從高齡化社會（1942 年）進入高齡社會（2015 年），至 1965 年 6 月之《美國高齡勞工：就業之年齡歧視》報告（The Older American Worker: Age Discrimination in Employment）才有明確宣示建議應將年齡歧視之禁止納入立法，方得全面禁絕職場上年齡歧視之情形（黃春長、王維旎，2016）。以下就美國針對中高齡及高齡就業相關辦法說明。

1. 1967 年美國勞工部在國會提出《1967 年就業年齡歧視法》（Age Discrimination in Employment Act of 1967, ADEA），為美國境內保障中高齡勞工權益的主要法源依據（Cavico & Mujtaba, 2011）。

2. 美國《就業年齡歧視法》歷經六次的修訂，規範了個人適用對象、適用單位及法規例外情形，在美國《就業年齡歧視法》的保障下，與就業相關的任何歧視都是非法的，包括僱用、解僱、薪資、工作分配、調動、升遷、復職、退休或其他就業條件（黃春長、王維旎，2016）。

根據《就業年齡歧視法》，除受其他法令規範的特定工作與職業之外，美國聯邦法令沒有工作年齡的上限，亦沒有強制退休年齡。

（三）英國

英國為所有工業化國家中最早意識中高齡就業議題的國家，其因應措施層面廣

泛，包含年金改革、就業方案、藉社會教育喚醒就業意識以及立法等，政府也致力於延後退休時程（林沛瑾，2012）。英國中高齡就業政策歷經多次改革，說明如下。

1. 1950 年政府鼓勵中高齡繼續投入勞動工作；但由於 1975-1980 年間國內經濟衰退、青年失業率居高不下，政府、職業工會及企業欲保障青年工作機會，前勞工行政組織於 1977 年提出「職位讓出計畫」（Job Release Scheme, JRS），提供提早退休的津貼誘因，促使人們主動縮短工作壽命以釋出職缺。

2. 1990 年代起政府再度重視中高齡的智慧與經驗。1990 年提出「50 歲上工津貼」（the 50 Plus Job Start Allowance Scheme），協助長年失業的中高齡先以兼職工作的身分返回勞動市場，再轉成全職工作型態，但因為當時經濟衰退問題嚴重，故該法案於 1991 年終止。

3. 2001 年成立工作與年金部門（Department for Work and Pensions, DWP），專責處理中高齡議題。

4. 2003 年提出「年金綠皮報告書」（Pensions Green Paper），表明對中高齡就業者的看法，亦是英國正視拓展工作生涯、支持失能者重回勞動市場、強調年金給付之外的工作收入對於中高齡的重要性及研議漸進式退休等社會需求。

5. 2004 年《財政法案》（Pensions Act 2004）中允許雇主續用已屆正式退休年齡之員工，並予以累積年金的資格。

6. 2005 年 4 月起適用之《年金法案》（Pensions Act 2004）則延遲領取老年給付的年齡，提供延遲領取老年給付者更優渥的報酬，藉以鼓勵高齡者持續工作。工作與年金部門（DWP）同年出版《*Opportunity Age: Meeting the Challenge of Ageing in the 21st Century*》，明確指出英國政府因應人口高齡化的最重要支柱與策略就是促進就業目標

7. 2006 年頒布〈就業（年齡）平等條例〉，明文將強制退休年齡提高至 65 歲，亦要求雇主須就各自企業的條件，對退休者 65 歲之後的就業意願積極回應。

8. 2010 年修改《機會均等法》（Equality Act），禁止年齡及高齡就業的歧視。重要改革是規定雇主從 2011 年起，不得以法定預設退休年齡。

　　英國為因應高齡化社會所面臨勞動力老化，最重要的是成立專責單位「工作與年金部門」（DWP），處理中高齡議題。其中高齡就業政策核心概念為「延後退休年齡，延遲領取年金年齡、禁止就業年齡歧視及鼓勵回歸就業市場」（DWP, 2022）。

（四）德國

　　德國聯邦政府於 2006 年 12 月提出「改善中高齡就業機會法」草案，作為其 50+倡議（Initiative 50 plus）就業計畫之一環。50+倡議的目標不僅是要改變勞動市場戰略，為中高齡創造更多有酬就業機會，更為了促使企業的人力資源體系對員工高齡化做出反應。相關政策說明如下（趙俊人、紀瑪玲、葉靜月、紀麗惠，2022）：

　　2007 年 4 月 19 日通過之《改善中高齡就業機會法》，於同年 5 月 1 日勞動節開始實施。該法實際為一包裹法案，包含各種法律之修正，其中以修正《兼職及定期就業法》及增修《社會法典第 3 冊》為主要內容，綜觀其重點為：

　　1. 提供雇主僱用 50 歲以上中高齡勞工「融入補貼」之相關規定。
　　2. 中高齡失業者重新就業工資低於以前工作薪資時，得請領「組合式工資」（Kombilohn）之規定。
　　3. 擴大補助職業進修教育之規定。
　　4. 年滿 52 歲且受僱前已失業 4 個月以上者，得簽訂無具體理由限期 5 年僱傭契約之相關規定。

（五）日本

　　日本勞動省在其 1970 年邁入高齡化社會之前，即開始研擬高齡人力僱用對策。政策說明如下（厚生勞動省，2021c）

　　1. 1959 年始，日本各地政府就「關於促進中高年齡層的僱用」，邀集企業雇主共同商討中高齡員工之僱用對策，並於 1967 年修訂《僱用安定法》中關於中高

齡失業勞工促進就業的規定；該次修法為日本首度以法律明訂中高齡勞工就業相關議題（周玫琪，2008）。

2. 1967 年修正之《僱用安定法》採取兩個方向，一是「延長退休年齡」，將退休年齡階段提升從 55 歲至 65 歲；另一則為「延長僱用」以繼續僱用、再僱用、勤務延長等方式導入，確保及促進高齡者及退休人員之僱用與福祉（林沛瑾，2012）。

3. 1971 年制定《高齡者僱用安定法》（Law Concerning Stabilization of Employment of Older Persons），透過全面性的作法確保中高齡的就業安定，並明訂提高退休年齡、推動持續僱用，以確保即將達退休者有繼續工作的機會，提升年長者的福祉並促成經濟與社會的發展。

4. 1976 年進一步頒布《中高年齡者等僱用促進特別措置法》，設定「僱用 55 歲以上高齡者之比率要達全從業員之 6%以上」之僱用率目標，以落實僱用高齡者政策。

5. 1986 年則再大幅度修正《高齡者僱用安定法》，將退休年齡延至 60 歲，該次修法達到促進高齡者再就業、確保退休後再就業等立法，並規定多項獎勵辦法（成台生，2006）。

6. 1990 年再度修正《高齡者僱用安定法》，制定「高年齡者等職業安定對策基本方針」，要求雇主應盡力僱用屆齡退休但仍有工作意願的員工至 65 歲。

7. 1994 年則再次修訂《高齡者僱用安定法》，其要點包含強制規定企業之退休年齡不得低於 60 歲；若員工有意願工作至 65 歲，企業須依厚生勞働省的指導，發展相關因應制度與規畫。

8. 2000 年修正《高齡者僱用安定法》，政府要求企業延後強制退休年齡至 65 歲，並提出「持續僱用」（continued employment），要求雇主必須保證勞工可以工作到 65 歲。

9. 2006 年 4 月立法實施《改正高年齡者僱用安定》，其修正涵分為確保勞工可工作至 65 歲、協助高齡者再就業與確保多元化的就業機會（林沛瑾，2012）。

10. 2012 年為了確保企業能穩定僱用高齡者，特訂定〈確保高齡者僱用措施之

實施辦法與準則〉，提供企業落實推動該法之方針。明訂薪資與職務安排，鼓勵企業為繼續就業之高齡者，修訂其薪資與職務安排制度，來提升高齡者繼續就業之意願，以確保高齡者僱用措施可有效實施（林沛瑾，2012）。

日本厚生勞働省於 1959 年起，開始關注中高齡的僱用，透過頒布及修正《高齡者僱用安定法》，逐漸確立中高齡就業人力及年金改革的方向為「延長退休年齡並持續僱用」及「促進退休後重新僱用」。

從各地區勞工退休法令、養老補助金相關政策及多元促進中高齡就業方案來看，歸納以下幾點：

一、階段性延後實際退休年齡，並不得強制退休。
二、成立專責中高齡就業處理部門，落實推動中高齡再就業。
三、訂定中高齡就業促進辦法及津貼補助。
四、推動中高齡職務再設計及教育訓練計畫。
五、友善中高齡及高齡就業市場，彈性調整工時。

2020 年突如其來的世界新冠肺炎疫情爆發，讓各地區不論是在生活穩定或經濟發展層面，都遭遇到前所未有的挑戰。下一章將針對在疫情衝擊下，各地區的重大影響，是否也同步影響中高齡人力發展進一步分析探討。

第 **3** 章　疫情對各地區的重大影響

壹、疫情下各地區之社會風險影響（衛生福利部疾病管制署，2022）

　　各地區在新冠肺炎疫情衝擊下，首當關心的是人民每日染疫人數及死亡人數，當人民健康受到威脅，其他相關發展都會受到極大影響。全球已經歷經兩年的疫情肆虐，各地區染疫情況逐月攀升，期間也有趨緩後又有新發一波的疫情，截至 2021 年 12 月各地區染疫確診及死亡人數如下說明。

　　台灣確診人數為 17,951、死亡人數為 851、死亡率為 4.74%，主要歷經 2 波疫情影響。美國確診人數為 66,742,992、死亡人數為 852,339、死亡率為 1.28%，歷經 5 波疫情影響。英國確診人數為 12,937,886、死亡人數為 148,624、死亡率為 1.15%，歷經 6 波疫情影響。德國確診人數為 8,134,753、死亡人數為 115,916、死亡率為 0.14%，歷經 4 波疫情影響。日本確診人數為 1,934,391、死亡人數為 18,443、死亡率為 0.95%，歷經 6 波疫情影響。以上資訊整理表格如下（表 4-3）。

表 4-3　五個地區新冠肺炎確診情形比較表

新冠肺炎確診情形比較表				資料時間：2021年10月7日	
地區	台灣	美國	英國	德國	日本
人數	17,951	66,742,992	12,937,886	8,134,753	1,934,391
死亡	851	852,339	148,624	115,916	18,443
死亡率	4.74	1.28	1.15	0.14	0.95
疫情波數	2	5	6	4	6

註：全球確診 18,330,183,894 人，死亡 5,544,443，死亡率 1.68%。

資料來源：Our World in Data [OWID]. Coronavirus (COVID-19) Vaccinations。資料檢索日期：2021年10月7日。網址：https://ourworldindata.org/covid-vaccinations?country=OWID_WRL。

　　2019 年底疫情爆發，各地區從第一例新冠肺炎患者出現截至 2021 年 12 月底為止，疫情在兩年期間可以從以下的圖表看出各地區疫情進展趨勢，一個地區的疫情進展趨勢勢必會影響社會經濟勞動力的發展，同步影響地區政策方向及作為，因此我們先了解各地區在兩年期間的疫情趨勢發展，各地區確診率大部分是攀升，但台灣與日本在 2021 年 8 月之後有趨緩情勢，因此在後期也開始推動經濟復甦計畫，針對中高齡以上就業方案也有積極規劃中。各地區兩年確診趨勢圖（圖4-1）。

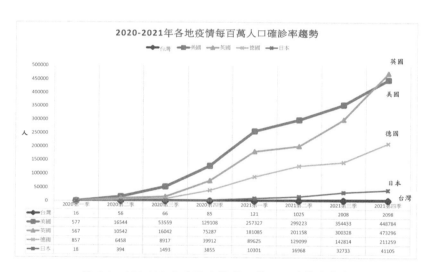

圖 4-1　109-110 各地區疫情每百萬人口確診率趨勢

資料來源：筆者整理。參考自衛生福利部疾病管制署（2022）。資料檢索日期：2022 年 2 月 25 日。網址：https://sites.google.com/cdc.gov.tw/2019ncov/global。

貳、疫情對中高齡人力發展之影響

　　國際勞工組織（ILO）將疫情對 2020 年的經濟衝擊，造成全球國民生產總額（GDP）所產生之負面影響做出三種估算模式，分別是低度-2％、中度-4％及高度嚴重則是-8％，其中預估值較為接近現況的為中度嚴重 GDP 降至-4％的情況，失業者則是 1,300 萬人，不確定數為 770 萬至 1,830 萬人（ILO, 2021）；另外，國際

貨幣基金（The International Monetary Fund, IMF）的官方統計，2019 年全球 GDP
成長為+2.8，2020 年受新冠肺炎衝擊影響各地區紛紛祭出空前的貨幣政策和財政
刺激來支撐市場和和經濟，但令人憂心的是，各地區政府財政赤字急劇攀升，未來
幾年各地區政府所面臨的減債工程將比以往更艱困，為全球金融環境帶來持續性的
風險，全球 GDP 成長為-3.1，而本研究作為比較的五個地區分別為台灣+3.1、美
國-3.4、英國-9.8、德國-4.6、日本-4.6，各地區 GDP 走勢如（表 4-4）。以下針對
疫情期間各地區勞動參與率及失業率說明。

一、台灣

　　中高齡勞參率 45-49 歲 84.1%、50-54 歲 75.2%、55-59 歲 57.6%、60-64 歲
37.7%、65 歲以上 8.8%，失業率 3.9%、失業人數 460,000 人。台灣在 2020 年中高
齡的失業率有略升的情況（勞動部勞動統計查詢網，2020）。

二、美國

　　中高齡勞參率 45-49 歲 82.2%、50-54 歲 79.1%、55-59 歲 72.1%、60-64 歲
57.1%、65 歲以上 19.4%，總體失業率 8.1%、失業人數 1,910,000人。美國 JOLTs
（Job Openings and Labor Turnover Survey）職缺報告顯示，2021 年 4 月的職缺達
歷史新高，攀升至 930 萬。疫情趨緩之際，4 月辭職人數卻創下了二十年新高，來
到了 400 萬，離職率達到前所未見的 2.7%，超越 2001 年及 2019 年的 2.4%。美國
2021 年 11 月辭職人數達到創紀錄的 450 萬，職位空缺數略有下滑，但仍居高不
下，顯示勞動力市場供應持續趨緊（U.S. Department of Labor, 2022）。

三、英國

　　英國的勞動參與率，35-49 歲 87.45%、50-64 歲 74.1%、65 歲以上 10.72%，於
2021 年 11 月申請失業相關福利的人數為 1,960,000 人。這比 2020 年 11 月下降了
29.3%。自 2020 年 3 月起大幅增加（主要與冠狀病毒大流行和英國政府的應對措
施有關）之後，自 2021 年初以來，領取失業相關福利的總人數普遍下降（DWP,
2021）。

四、德國

　　中高齡勞參率 45-49 歲 89.1%、50-54 歲 87.9%、55-59 歲 83.7%、60-64 歲 62.8%、65 歲以上7.4%，總體失業率 4.3%、失業人數 1,645,000人（BMAS, 2022）。

五、日本

　　中高齡勞參率 45-49 歲 79.9%、50-54 歲 78.6%、55-59 歲 74.5%、60-64 歲 62.5%、65 歲以上 35.3%，總體失業率 4.0%、失業人數 1,108,000人（厚生労働省，2021b）。

　　失業率的部分各地區 2019 年跟 2020 年相比較，失業率都有提升，其中美國較為嚴重提升了 4.4%，但是這個跟政府舉債讓民眾能夠獲無虞的生活補助，還是國內疫情仍然嚴重，造成就業意願偏低，後續進展值得觀察。

表 4-4　疫情間各地區 GDP 成長影響比較表

	台灣	美國	英國	德國	日本
2019	+3	+2.3	+1.4	+1.1	0
2020	+3.1	-3.4	-9.8	-4.6	-4.6
2021	+5.9	+6	+6.8	+3.1	+2.4

資料來源：筆者整理。參考自 International Labour Organization [ILO] (2021). Statistics and Databases. Retrieved February 25, 2022, from https://www.ilo.org/global/statistics-and-databases/lang--en/index.htm。

第 4 章　疫情期間各地區中高齡人力發展目標及作為

　　為了因應疫情所採取的各種感染管制措施，也直接或間接影響每個人身體和心理的變化，許多國家由於封城陷入經濟衰退，連帶影響許多企業經營困難或甚至倒閉，進而引發失業潮。疫情危機已經顯示出對經濟的傷害，根據 OECD 預測全球 GDP 在 2020 第一季是負成長的狀態（Organisation for Economic Cooperation and Development [OECD], 2021）。在世界各地面臨疫情帶來的經濟危機時，原本推動各項中高齡以上之就業方案，可能會受到極大影響，各地是否有其他針對中高齡勞動就業或人力發展在疫情間之因應政策，或經濟紓困方案，以穩定人民的生活，是極重要的議題，本章就五個地區之相關目標及作為作說明。

壹、台灣

　　台灣因應疫情產生的社會風險，在 2020 年 2 月提出 600 億元的特別預算，另於 4 月和 7 月進行了兩次的預算追加，在 2021 年 9 月再追加第四次預算。針對本次疫情，台灣政府共提出 8,400 億元的特別預算以達到「防疫、紓困、振興」的目標（行政院，2021）。主要的促進作為如下，因防疫部分非本篇重點，因此僅就紓困及振興之目標說明。另外，針對中高齡在疫情期間就業保障部分，政府也有進一步作為，在此一併說明（施世駿，2021）。

一、紓困以穩定經濟市場政策

（一）企業紓困與穩定就業

　　台灣政府提供營收較前二年同一時期減少達 50%，且未對員工進行裁員、減薪或放無薪假的雇主補貼。在薪資方面，政府提供每名員工原薪資最高 40%，每月最高 20,000 元之補貼（期限最長 3 個月），同時也提供一次性營運資金補貼。

（二）薪資補貼與自僱者補助

推出「安心就業計畫」補貼減班休息員工每月薪資差額 50%（最高 11,000元），最長達 6 個月（勞動部，2021a）。另一方面，受影響的自僱者可申請最長3 個月、每月 10,000 元的補助（勞動部勞動力發展署，2021）。

（三）弱勢族群生活津貼

台灣政府針對目前領有相關生活補助者，如身心障礙者生活補助、中低收入老人生活津貼、弱勢兒童及少年生活扶助、低收入戶兒童／就學生活補助等，加發為期 3 個月，每月補助金額 1,500 元的補助金（衛生福利部，2021）。對於未參加任何社會保險且未領取任何相關津貼補助者，經資產調查資格符合，即可領取 10,000元的急難紓困金。

（四）個人金融貸款

為提供勞工經濟紓困，參加勞工保險者或未曾參加但可提出工作事實證明者，可申請最高 10 萬元，第一年零利率的個人貸款。此外，首 6 個月為寬限期，免繳納本金，並從第 7 個月開始攤還本金（勞動部勞動力發展署，2021）。

二、振興以作為復甦經濟政策

（一）勞動市場促進作為

推出公共就業政策「安心即時上工計畫」，透過公立機關或機構職位開缺，穩定台灣勞動市場避免大量失業，並支持受影響勞工度過疫情影響，此方案不是直接給現金，而是要到公部門從事文書整理、環境清潔整理及防疫相關工作，例如為民眾量額溫、環境消毒等，但最後拿到的補助金最多。另外也提出「充電再出發訓練計畫」鼓勵休息減班的員工利用閒餘時段參加訓練課程，持續發展精進個人技能（勞動部勞動力發展署，2021）。

（二）多元振興消費券

台灣人及持有永久居留的外國籍人士，可以 1,000 元購買價值 3,000 元的振興

券。之後政府各部門也陸續推出不同的有價消費券，如：國旅券、藝 FUN 券、農遊券、動滋券、客庄券……，刺激經濟消費（經濟部中小企業處，2020）。

三、中高齡就業保障政策（Shi & Soon, 2020）

（一）失業給付穩定生活

為保障中高齡及高齡者就業權益，勞動部推動制定《中高齡及高齡者就業促進法》，只要近期受疫情衝擊失業之中高齡朋友，在尋職期間依離職前 6 個月投保薪資 60%發給失業給付，以協助維持經濟生活，最長可延長請領至 9 個月，如有扶養無工作收入之配偶、未成年子女或身心障礙子女還可加成給付。此法在疫情趨緩時，於 2020 年 12 月正式上路：實施將近一年後，行政院主計總處統計中高齡勞參率在 2021 年 11 月已突破 65%，與去年同期相比，約增加 6.9 萬的中高齡勞動人口。

（二）相關促進就業措施

可免費參加各項職業訓練課程，並提供職業訓練生活津貼；提升職能後運用每月最高 13,000-15,000 元，最長 12 個月僱用獎助鼓勵雇主進用；或透過職場學習及再適應，每月依基本工資 24,000 元核給津貼，強化中高齡及高齡者就業準備及就業適應，也推薦從事臨時工作，依基本工資核給津貼，提供短期就業安置；或運用免費創業諮詢，及最長 2 年最高貸款額度 200 萬元的貸款利息補貼，協助轉職創業，對於在職的中高齡及高齡朋友，透過調整工作方法、改善工作環境及提供就業輔具等職務再設計 10 萬元補助，排除工作障礙；補助中高齡及高齡者在職訓練，強化其專業職能，另外也推動每月 13,000-15,000 元，最長 18 個月繼續僱用高齡者補助，協助高齡者續留職場，促進世代傳承與交流，並穩定高齡者經濟生活。

（三）職業再造重返職場

鼓勵退休後的中高齡及高齡朋友再次就業，補助退休高齡者擔任講師，每人每年最高 10 萬元，進行世代傳承，達成青銀共融；並協助屆齡退休員工辦理退休再就業協助措施，有助於退休後重新投入職場，每位雇主每年最高補助 50 萬元。在

專法也放寬雇主以定期契約僱用 65 歲以上高齡者，不受《勞動基準法》第 9 條定期契約以臨時性、短期性、季節性、特定性工作為限及定期契約屆滿後視為不定期契約之規定，增加勞雇雙方彈性。

貳、美國

　　美國的前一輪新冠紓困方案，是拜登總統在 2021 年 3 月簽署的 1.9 兆美元《美國救援方案》（American Rescue Plan）。其前任川普總統在 2020 年 12 月批准了將近 9,000 億美元的新冠紓困支出法案，而這只是規模更大之 2.3 兆美元援助計畫的一部分。在此之前，國會已經撥款 3 兆美元對抗這場在 2020 年 3 月導致美國大部分地區陷入封鎖的大流行病（柯婉琇，2022）。在疫情期間的主要作為一樣是以紓困及救濟為主，針對勞工失業有訂定失業救濟措施，另對於企業紓困部分也有相對應政策，說明如下（汪震亞，2021）：

一、企業紓困保障經營

　　1. 全體國民「CARES Act」其中一部分是紓困貸款方案，對象是中小企業的「薪資保障計畫」（Paycheck Protection Program），規模 3,490 億美元，由聯準會向參與計畫的銀行提供資金，向中小企業提供豁免貸款（forgivable loans）。

　　2.《薪資保障計畫及醫療照護加強法案》，是延續「薪資保障計畫」（Paycheck Protection Program）再投入 3,100 億美元。

　　3.「經濟傷害災難貸款」（Economic Injury Disaster Loan, EIDL）是由小型企業管理局提供的低利貸款，提供受疫情波及的小型企業貸款應急，負擔因災難而無法支付的費用，如員工薪資、固定支出或債務返還等，可與「薪資保障計畫」同時申請。

二、個人紓困保障生活

　　1. 對民眾移轉性支出措施，全體國民「CARES Act」發放每人 1,200 美元，針

對擁有小孩的個人或夫婦，每位小孩額外加發 500 美元，設有排富條款。

2.「聯邦大流行失業補貼」（Federal Pandemic Unemployment Compensation, FPUC）每週為失業救濟金領取者提供 600 美元的額外補助，長達 39 週。

3.「疫情緊急失業補助」（Pandemic Emergency Unemployment Compensation, PEUC）給予已領取完 26 週失業救濟金的民眾，自動延期 13 週。

4.「疫情失業救濟金」（Pandemic Unemployment Assistance, PUA）對一般不符合失業救濟請領資格的人，包括臨時工、自營工作者、獨立承包商以及無近期就業紀錄者，提供不超過 39 週的津貼，每週 600 美元。

參、英國

英國自 2020 年 4 月起，為受疫情影響而無法做生意的行業，支付勞工最高八成或上限 2,500 英鎊（新台幣約 9.8 萬元）的工資，雖在 2020 年 9 月減縮補助額度，但仍持續補助中（DWP, 2021）。英國對危機的經濟反應是實質性的，旨在解決絕大多數公司和工人的問題。相關政策如下（汪震亞，2021）：

企業體紓困計畫

（一）疫情期間業務中斷貸款調整計畫

年營業額不超過 4,500 萬英鎊且因新型冠狀病毒而遭受現金流中斷的中小型企業（SME）可以通過各種商業金融產品獲得高達 500 萬英鎊的政府支持融資，包括定期貸款、透支、發票融資和資產融資。

（二）零售、酒店和休閒的商業費率優惠

在英格蘭經營零售、酒店或休閒行業的企業將無需支付 2020-2021 納稅年度的企業稅率。

（三）小企業補助資金

計畫將向因小企業稅率減免（SBRR）、農村稅率減免（RRR）和遞減減免

（TR）而已經支付很少或不支付營業稅的小企業提供 10,000 英鎊的一次性贈款，以幫助滿足他們的持續業務成本。

（四）法定病假工資（SSP）回扣

中小企業將能夠收回因新型冠狀病毒導致的員工病假支付的 SSP（在 2020 年 4 月 6 日之前為每位員工每週 94.25 英鎊，目前為 95.85 英鎊）。常用於居家隔離無法工作的員工。

肆、德國

德國聯邦政府打破自 2014 年以來連續六年的財政收支平衡，追加 1,560 億歐元的年度預算，於 2020 年 3 月下旬通過總規模 7,500 億歐元的紓困方案，除了放寬短時工津貼（Kurzarbeitergeld）申請條件，提供 500 億歐元援助微型企業、個體經營者及自由業者，提高德國復興信貸銀行（KfW）貸款保證金金額並放寬貸款條件等之外，並推出金額達 6,000 億歐元的經濟穩定基金（WSF），必要時可用於企業直接投資。德國在疫情間主要政策目標也是以紓困及多元職場彈性方案實施來因應社會經濟風險，相關政策如下（經濟部國際貿易局，2021）：

一、及時紓困津貼

（一）及時救助金

德國聯邦政府提撥一筆高達 500 億歐元規模的所謂直接現金給付之立即紓困方案，對象為微型企業、自由業者以及自營工作者等。給付之金額為期共 3 個月，給付之金額高低則是視事業單位之規模大小。

（二）急難家庭津貼

參考家戶為單位個別，符合資格者即可請領，主要是急難育兒津貼，協助家庭度過危機。

（三）短時工時津貼

僅須符合 10%工資損失之要件即可，同時對於短工之認定亦將派遣勞工之部分納入，此外也放寬「工時帳戶」（Arbeitszeitkonten）上有存額之勞工亦得請領短工津貼，並且要求雇主需協助技職訓練，讓勞工不只獲得金援，也可以提升工作技能。

二、職場多元彈性辦公專案

（一）疫情特別假別及薪資計算

若員工有類似新冠肺炎症狀，除要求勞工暫時停止進辦公室，此時即使欠缺診斷證明雇主自然仍應續付工資。另外，若是勞工後來真的因為確診就醫，雇主於前6 週仍應給付全額工資，之後則轉成由健康保險基金支付七成薪。

（二）調整職場辦公辦法

德國在疫情之前其實已經有大約 5％勞動人口採用「在家辦公」（Working from Home, WFH）模式，2020 年 3 月的最新資料則顯示，目前甚至有接近一半的受僱者是全部或是部分時間在家辦公。值得注意的發展在於，德國的勞動部長 Hubertus Heil 日前提出，即使未來疫情趨緩，聯邦政府有打算正式立法讓勞工得主張所謂「在家辦公權」的可能性（黃鼎佑，2021）。

伍、日本

受到新冠肺炎疫情影響，日本經濟面臨戰後最大危機，日本內閣會議 2020 年4 月即通過規模高達 108 兆 2,000 億日圓（約新台幣 30 兆 3,000 億元）緊急經濟對策，屬歷來最大規模。日本首相安倍晉三表示，緊急經濟對策分 2 個階段，包括疫情平息前的「緊急支援階段」及疫情平息後的「V 型復甦階段」（楊明珠，2020）。以下就與中高齡及高齡相關支援政策說明（厚生勞働省，2021d）：

一、生活紓困及企業啟動資金

（一）緊急小額資金／綜合支援資金（生活費）、新型冠狀病毒疫情中生活窘迫者的自立支援資金

對於受新冠肺炎疫情影響導致休業或失業而困擾給予生活資金者，將提供所需生活費等資金的貸款業務。

（二）日本政策金融公庫（日本公庫）及沖繩振興開發金融公庫（沖繩公庫）等對於新型冠狀病毒疫情專項貸款等

（三）社會保險費等的暫緩繳納

正享受特別暫緩繳納的企業主等，在特別暫緩繳納結束後，也難以支付養老年金保險費等情況下，可以申請暫緩繳納制度。其他還包括國民健康保險，國民年金，後期高齡者醫療制度及介護保險的保險費（稅）的減免等。

（四）厚生年金保險費等的每月標準報酬的特例修改

如因新型冠狀病毒疫情影響導致休業而造成報酬明顯下降時，可從隔月開始通過特例修改厚生年金保險費等的每月標準報酬。

（五）生活貧困者自立諮詢支援事業

支援就業及生活救濟。

（六）生活保障制度

對於目前生活上遇到困難的人士，為了保證最低生活水平和促進自立更生為目的，根據貧困程度，提供生活費、房租費等所需的生活保障金。

二、工時縮減津貼補助

（一）傷病津貼

傷病津貼是加入健康保險等的被保險者，因勞務災害以外的理由得病或者為了療養傷病休息時，保障其收入的制度。被新冠病毒感染症感染時，為了療養不能工

作時，也可以利用。

（二）休業津貼

根據日本《勞動基準法》第 26 條的規定，因公司理由讓勞動者休業時，為了保障勞動者最低限度的生活，公司必須在休業期間支付休業津貼。

（三）僱用調整補助金

受新型冠狀病毒疫情影響，大幅度擴充了雇傭調整補助金的內容，簡化了申請手續。

（四）新型冠狀病毒疫情對策休業支援金、補貼金

由於新型冠狀病毒感染疫情影響而被迫休業的勞動者中，公司將為無法獲得休業津貼的勞動者提供新型冠狀病毒感染疫情應對休業支援金和補貼金。

（五）再就業試雇傭補助金（新型冠狀病毒疫情對應〔短時間〕再就業試雇傭方案）

新型冠狀病毒疫情影響，對於被迫離職，從離職日開始超過 3 個月的失業者，在一定期間（原則上為 3 個月）實行再就業試行雇傭的企業主，試雇傭期間的部分工資予以補貼。

三、求職免費職業培訓

（一）雇傭保險的基本津貼（求職者給付）

離職者（求職者）安定生活的同時，能夠儘早再就業而進行求職活動，給予相應的支援補貼。對符合參保期限等要求的被保險者，提供離職前工資的 50-80% 的支援補貼。

（二）公共職業培訓（離職正在求職者培訓）

享受就業保險的同時，可免費（僅承擔教材等的實際費用）接受職業培訓。

（三）求職者支援培訓

不能享受就業保險的求職者，可免費（僅承擔教材等的實際費用）接受職業培訓的同時，在滿足條件的情況下，可獲得每月 10 萬日元的受訓補助等補助金。

大部分地區短期內絕大多數政策的焦點集中於個人與企業紓困、失業問題，以及濟貧，同步也對地區經濟振興有相對應的準備政策。雖然實施對象是傾向勞動力人群，但也包括中高齡及高齡勞動者，將在第五章針對疫情期間各地區中高齡人力發展政策做整理比較。

第**5**章　疫情期間各地區中高齡人力發展策略之比較

　　依據上一章各地區疫情期間，面對疫情帶來的社會風險，大部分地區的因應作為還是以三大目標方向：防疫、紓困及振興三階段規劃，隨著疫情升溫—隔離—解封之不同階段，制定多元方案政策，政策主要實施對象可分為個人與企業。值得探討的是在疫前的時候，其為招攬及留任中高齡及高齡人力，制定多項政策規劃，疫情期間，許多地區為配合防疫政策，勞動市場受到極大影響，而一般中高齡以上的勞動人口，尤其是高齡勞動者，較容易被歸納在免疫力較低的族群，也是疫情期間健康問題會備受矚目而可能減低就業意願，因此除原來的促進就業及留任政策外，在疫情期間各地區也紛紛加碼紓困及補助，雖然對象大部分是一般勞工，但也含括中高齡以上就業者對象。以下就各地區在疫情期間中高齡人力發展政策及成效之比較如下：

（一）企業紓困穩定經濟市場

　　企業紓困作為是每個地區在疫情期間最重要的措施之一，台灣針對營收減少的企業進行員工薪資及營運資金的補助。美國在兩年的疫情期間，同時歷經總統改選，川普及拜登總統皆有簽署突破兆元的美金援助計畫，針對自營工作或獨立包商者給予補助。英國協助受影響的行業補助最高八成以上的工資，並且調整企業貸款放鬆規範。德國直接支付企業立即紓困金。日本啟動緊急小額資金或專項貸款，暫緩繳納社會保險費用等。

　　企業紓困政策上，各地區針對營收受影響的企業以直接補助營運資金為主，其中日本特別針對社會保險繳納部分給予延緩繳納政策，這也是比較特別的措施。

（二）個人紓困安定人民生活

　　穩定企業後，各地區對於人民個別紓困有多元方案，台灣採薪資補貼，針對弱

勢族群也有紓困金方案，在個人貸款放寬免繳納本金之期限，特別針對受到疫情影響而失業的中高齡給予失業給付。美國針對失業者最多有長達 39 週的失業救濟金補助。英國疫情期間支付部分員工工資，以確保員工不被裁員。德國推臨時工時津貼，增加員工工作保障及工作技能。日本在個人紓困上有縮減工時政策並有津貼補助，針對受疫情影響的員工，染疫或因公司問題需要在家暫時休業者給予津貼。

個人紓困政策上，各地區是以薪資補貼或者發予失業補助金，日本跟德國推短期臨時工時津貼金縮短工時政策，應該有利於中高齡以上勞動者留任職場方案。

（三）多元培訓鼓勵職場教育

在企業及個人紓困政策後，比較各地區階段性針對勞動市場復甦有積極作為，台灣鼓勵公立機構或企業開職缺，並鼓勵減班員工參加技能訓練課程。日本有求職免費職業培訓、公共職業培訓及求職者支援培訓等相關措施，並在免費接受職業培訓時，符合基本條件者，還可另外獲得補助津貼。

相對其他地區（如美國、英國），在人才教育訓練方面，有關某項職業的專屬技能，常規大半委由政府辦的正規教育機構講授，而不注重就業期間的在職訓練。因此在疫情期間，針對勞動者在職教育培力部分措施也相對匱乏，比較重視企業及個人的即時紓困，以穩定勞動市場經濟。

（四）振興加碼現金復甦經濟

除了企業與個人紓困以及補助金資助，各地區也有以人民消費來振興復甦經濟方案，間皆支持各中小企業，同時也穩定中高齡以上勞動者工作保障。台灣發放多元振興消費券，可以在不同企業層面使用。英國政府 2020 年 8 月期間推出外出餐飲半價（Eat Out to Help Out）的刺激餐飲消費方案，8 月每週一到週三到參與計畫的餐廳、咖啡廳或酒吧，都可以享用餐飲半價，每人享用折扣上限為 10 英鎊（Georgina Hutton, 2020）。餐飲半價由政府公費開支補助，總計英國政府補助了將近 8.5 億英鎊。美國也有類似政策，而且是直接寄發經濟刺激支票給符合資格的納稅人，這是美國總統拜登宣布的耗資高達 1.9 萬億美元的全國性紓困方案，美國

救援計畫（American Rescue Plan）的一部分（BBC NEWS, 2021）。

（五）高齡人力協助穩定留任

　　各地區的紓困及救濟或促進就業方案，大部分是針對所有一般勞動者，對於中高齡及高齡勞動者，部分地區有特別援助措施。台灣勞動部制定《中高齡及高齡者就業促進法》，受疫情衝擊失業的中高齡可申請 60%的失業給付。還可以免費參加各項職業訓練課程，推薦從事臨時工作，依照基本薪資給薪。另外，也透過調整工作方法及改善工作環境來排除工作結構性障礙等等。在德國推動在家辦公，減少免疫力較低的中高齡以上勞動者群聚的風險。日本推動再就業試僱傭補助金，這是因應疫情期間短時間再就業備僱方案，企業主聘任至少 3 個月以上的勞動者，則給予部分工資補貼。

　　本篇五個比較地區在疫情期間，針對中高齡以上勞動力穩固及發展相關政策，可以分為現金紓困及工作補助兩大目標，執行策略以企業及個人為對象，企業部分給予貸款及緩繳稅金，還有薪資補貼；個人部分主要是生活紓困及職業再訓，還有短期工作及遠距辦公等措施。最後部分地區對於經濟復甦推出振興方案，以刺激消費及穩定人力市場為目標。雖然各地區在疫情控制上的趨勢不一，但持續性都有規劃勞動市場護盤相關計畫，以下就各地區計畫做整理比較，如表 4-5。

表 4-5　各地區疫情期間中高齡及高齡人力發展策略比較

地區／政策	現金紓困及生活援助		工作補助及職業再造	
	企業	個人	企業	個人
台灣	營收減少但未裁員企業給予薪資補貼 減班休息薪資差額補貼	弱勢族群及中低受入老人生活津貼 個人金融貸款放寬免繳本金期限 多元振興消費券刺激消費	補助公立機關或機構開立疫情期間臨時職缺 雇主重新聘用退休高齡者，可補助現金，並放寬法源（勞動基準法）以提供彈性工時，包括短期或臨時性工作	受疫情影響之中高齡以上勞動者失業補助金 免費參加職業訓練課程並給予生活津貼 開創臨時工作並提供免費諮詢 鼓勵退休後再就業並補助高齡者擔任講師

地區／政策	現金紓困及生活援助		工作補助及職業再造	
	企業	個人	企業	個人
美國	美國救援方案 American Rescue Plan	全體國民「CARES Act」直接發放現金	中小企業「薪資保障計畫」（Paycheck Protection Program）提供豁免貸款（forgivable loans）「薪資保障計畫及醫療照護加強法案」，是延續「薪資保障計畫」「經濟傷害災難貸款」（Economic Injury Disaster Loan, EIDL）管理局提供的低利貸款，提供受疫情波及的小型企業貸款應急	「聯邦大流行失業補貼」（FPUC）「疫情緊急失業補助」（PEUC）「疫情失業救濟金」（PUA）
英國	企業補助資金並減稅		免收員工因疫情申請病假的扣款支付疫情期間被解雇員工部分工資，避免裁員	
德國	直接發給企業及時救助金補助企業疫情影響期間薪資六至七成	急難家庭津貼	短時工時津貼發放，但企業需協助技職訓練	疫情特別假及請假期間薪資補助調整改為在家辦公
日本	企業專項貸款社會保險緩繳厚生年金保費修訂	緊急小額資金貸款生活保障費用支援	再就業試僱傭補助金	傷病津貼（包括疫情影響）休業津貼

資料來源：筆者整理

　　綜觀上述比較，儘管這是全球病毒大流行的危機，但對中高齡的人力發展卻是一種轉機，中高齡現為二戰後嬰兒潮的工作人口，具有普遍健康情形良好、教育程度較高並具學習能力等特質，疫情的衝擊改變了工作型態，加速導入更多科技和網路應用，這是中高齡延長退休的推力，他們必須不斷學習新的工作技能，方能勝任工作。另拉力有二：（1）許多地區在新冠肺炎疫情嚴重期間鎖國封城等措施，對人民紓困補助和振興產業必須大幅舉債。（2）加上結婚出生率低且預期這幾年不

會迅速回升。延長中高齡工作者的退休年限可立即補充產業復甦所需的勞動人力，不致於產生過多缺工情形，使地區總體競爭力產生危機，另一方面也可以降低未來隱藏性債務的年金支出（Yang & Jan, 2020）。

結語與建議

　　新冠肺炎疫情嚴重衝擊全球經濟活動，每個國際組織及國家因應此歷史性危機，在 2020 年及 2021 年推出紓困計畫來穩定受影響的民眾，實際上也有收到具體的成效。值得觀察的部分是我們正處在病毒的變種速度跟疫苗、特效藥開發競速的階段，以在 2021 年底又造成大流行的 Omicron 的變種病毒的高傳染力來看，包括日本、英國、德國和美國等地區陷入新一波疫情，而各地區現在盡量不再以封城的措施處理；一方面疫苗施打率提高，群體免疫力增加，染疫風險降低，另一方面造成重症、死亡變少，整個國家社會能夠承受高傳染力的新冠肺炎病毒能耐變強，在此提出以下四點作為結語：

（一）避免因疫情使中高齡產生心理負面情緒，降低人力折損

　　中高齡面對新冠肺炎病毒的一再變異，感染風險大增，對健康權和其他人權產生了負面影響。很多地區經常為了防疫採取隔離措施要求中高齡比年輕人更早進行自我隔離，且隔離期可能會持續更長的時間。事實上大多數中高齡面臨貧困、社會排斥以及社會孤立的風險更高，這將直接影響到他們的健康狀況，包括心理健康。這就是為什麼他們在這種危機情況下比以往任何時候都需要更多的支持。以日本為例，厚生勞動省製作健康操影片放在官方網路上，供隔離期間的中高齡可以在家適度運動，維持健康，另外也動員地區志工團體定期打電話給獨居的中高齡適度關懷，避免原本健康的中高齡因為隔離，產生心理疾病，造成人力資源的折損，因應大流行的封城措施必須特別考慮到這方面的需求。我們必須找到新的方法來促進代間團結和與中高齡接觸，而不會使他們面臨感染風險而有負面心理情緒。

（二）提升中高齡的健康風險意識，提高勞動參與

　　各地區政府獎勵中高齡就業政策的推動多半因疫情造成中斷，而在疫情期間發放紓困金因應，俟疫情趨緩後，將中高齡就業職場環境的健康因素納入考量，例如

工作環境清潔消毒，個人配戴口罩、維持社交距離，施打疫苗追加劑或定期進行快篩等，降低染疫風險，使中高齡能安心投入工作。

（三）中高齡繼續學習數位技能，適應新的職場環境

受疫情所影響，各地區經濟皆呈現衰退的現象，卻也在疫情紓緩的情況下經濟快速復甦，各產業與面對數位科技轉型的機會有關，不管企業也好，個人也好必須不停尋求變革，其中在經營的應變策略上，因應遠距工作成為常態，需加速數位化的推展，中高齡員工須因應職場型態的轉變，去學習如何去使用網際網路或者是更多物聯網科技的技能，才能夠面對未來新職場環境，不斷適應新的環境變化。

（四）針對中高齡友善職場進行職務再設計，延長人力資源的貢獻

中高齡或許在體力及記性不如年輕人，可以藉由調整工作時數及作業方式，改善工作環境、設備和條件，導入通用設計的概念和穿戴式省力輔具來進行職務再設計工程，使他們能更勝任工作。另外就是官學合作推行退休準備計畫的概念，讓中高齡能夠先有一個想法去規劃下一個階段生活，不管是在原來的崗位繼續延長工作年限，或是轉換跑道。

參考文獻

一、中文文獻

BBC NEWS（2021）。台灣推出振興五倍券：你可能想知道的四個問題。資料檢索日期：2021年12月28日。網址：https://www.bbc.com/zhongwen/trad/chinese-news-58574591。

成台生（2006）。日本社會保障制度之探討——以退休後國民年金及高齡者工作安定為例。人文與社會學報，1（9），267-299。

行政院（2021）。紓困4.0方案+振興五倍券。**行政院（官方網站）**。資料檢索日期：2022年2月12日。網址：https://reurl.cc/9GVgKx。

行政院主計處（2021）。**國情統計通報**。資料檢索日期：2022年2月20日。網址：https://reurl.cc/qO7gVg。

汪震亞（2021）。各國因應COVID-19疫情對經貿衝擊之對策及啟示。**經濟研究，**21，98-142。

周玟琪（2008）。從確保中高齡者就業機會與提昇工作能力觀點探討日本職務再設計的立法變革、價值與推動作法。**就業安全，**7（2），10-19。

林沛瑾（2012）。日本與英國的中高齡就業政策。**台灣老年學論壇，**13，1-19。

法務部（2020）。中高齡者及高齡者就業促進法。**全國法規資料庫**。資料檢索日期：2022年2月19日。網址：https://reurl.cc/8WE3Xj。

施世駿（2021）。福利國家的壓力測試：疫情危機與社會政策回應。**人文與社會科學簡訊，**22（2），66-71。

柯婉琇（2022）。《國際經濟》新一輪新冠紓困案？白宮：有在談。中時新聞網。資料檢索日期：2022年2月10日。網址：https://reurl.cc/Kp7A8y。

馬財專（2021）。後疫情時代，中高齡者及高齡者在勞動市場的就業機會與挑戰。**就業安全半年刊，**19（2），44-54。

勞動部（2021a）。**勞動部統計查詢網**。資料檢索日期：2022年2月27日。網址：https://

statfy.mol.gov.tw/statistic_DB.aspx。

勞動部（2021b）。**勞動部國外政府機構**。資料檢索日期：2022年2月25日。網址：
　　https://www.mol.gov.tw/1607/2566/2567/3433/post。

勞動部勞動統計查詢網（2020）。**勞參率**。資料檢索日期：2021年12月21日。網址：
　　https://statfy.mol.gov.tw/index01.aspx。

勞動部勞動力發展署（2021）。勞動部疫情期間持續支持中高齡者及高齡者就業。**勞動
　　部勞動力發展署**。資料檢索日期：2022年3月1日。網址：https://reurl.cc/e6RElR。

勞動部勞動統計查詢網（2020）。產業及社福移工人數按開放項目分。**勞動部勞動力發
　　展署**。資料檢索日期：2021年12月21日。網址：https://reurl.cc/8WE3Vd。

黃春長、王維旎（2016）。**台灣中高齡勞動力分析之研究**。勞動部勞動及職業安全衛生
　　研究所，103年度研究計畫（編號：ILDSH103-M304）。新北市：勞動部勞動及職
　　業安全衛生研究所。

黃鼎佑（2021）。新冠肺炎疫情影響下各國協助勞工相關措施：以奧國、德國與新加坡
　　為例。**台灣勞工季刊**，62，71-80。

楊明珠（2020）。日本新冠肺炎紓困規模逾108兆日圓　盼克服二戰後最大危機。**中央通
　　訊社**。資料檢索日期：2022年2月28日。網址：https://reurl.cc/akO9E9。

經濟部中小企業處（2020）。金融機構7/23開始振興三倍券兌付。**經濟部中小企業處
　　（官方網站）**。資料檢索日期：2022年1月10日。網址：https://www.moeasmea.gov.
　　tw/article-tw-2276-5480。

經濟部中小企業處（2021）。動滋券。**振興五倍券（官方網站）**。網址：https://
　　hpm.5000.gov.tw/cp.aspx?n=207。

經濟部國際貿易局（2021）。2021年德國重要新法規（一）新冠疫情大流行。**經濟部國
　　際貿易局（官方網站）**。資料檢索日期：2022年1月6日。網址：https://reurl.cc/
　　Rj505Z。

趙俊人、紀瑪玲、葉靜月、紀麗惠（2022）。外國法案介紹——中高齡者及高齡者就業
　　促進法。**國會圖書館館訊**，22（1），33-56。

衛生福利部（2021）。防疫期間行政院關懷弱勢加發生活補助。**衛生福利部（官方網
　　站）**。資料檢索日期：2022年2月12日。網址：https://covid19.mohw.gov.tw/ch/cp-
　　5188-61207-205.html。

衛生福利部疾病管制署（2022）。嚴重特殊傳染性肺炎（COVID-19）全球疫情統計。**衛生福利部疾病管制署（官方網站）**。資料檢索日期：2022年2月25日。網址：https://sites.google.com/cdc.gov.tw/2019ncov/global。

二、外文文獻

Bundesministerium für Arbeit und Soziales [BMAS] (2022). *Labour Market Policy*. Retrieved 27 February 2022, from https://www.bmas.de/EN/Labour/labour.html

Cavico, F. J., & Mujtaba, B. G. (2011). Discrimination and the Aging American Workforce: Recommendations and Strategies for Management. *SAM Advanced Management Journal, 76*(4), 1-41.

Department of Economic and Social Affairs [DESA] (2022). *World Population Prospects 2019*. Retrieved 28 February 2022, from https://population.un.org/wpp/Population Dynamics

Department of Labor Logo United States Department of Labor [U.S. Department of Labor] (2022). *Job Openings and Labor Turnover Survey (JOLTS)*. Retrieved 20 February 2022, from https://www.bls.gov/jlt/

Georgina Hutton (2020). *Eat Out to Help Out Scheme.* Available from: https://commonslibrary.parliament.uk/research-briefings/cbp-8978/

International Labour Organization [ILO] (2021). *Statistics and Databases.* Retrieved 25 February 2022, from https://www.ilo.org/global/statistics-and-databases/lang--en/index.htm

Kim, W. S., & Shi, S. J. (2020). East Asian Approaches of Activation: The Politics of Labor Market Policies in South Korea and Taiwan. *Policy and Society, 39*(2): 226-246.

Organisation for Economic Cooperation and Development [OECD] (2021). *OECD Statistics.* Retrieved 30 January 2022, from https://www.oecd.org/els/

Our World in Data [OWID]. *Coronavirus (COVID-19) Vaccinations.* Retrieved 17 January 2022, from https://ourworldindata.org/covid-vaccinations?country=OWID_WRL

Shi, S. J., & S. Soon (2020). *Taiwan's Social Policy Response to COVID-19: Protecting Workers, Reviving the Economy. CRC 1342 COVID-19 Social Policy Response Series/1/2020.* Bremen: University of Bremen.

World Health Organization [WHO] (2020). *WHO Coronavirus Disease (COVID-19) Dashboard.* Retrieved 3 September 2020, from https://covid19.who.int/table

Yang, L., & Jan, E. (2020). Older Adults and the Economic Impact of the COVID-19 Pandemic. *Journal of Aging & Social Policy, 32*(4-5), 477-487.

厚生労働省（2012）。**高年齡者等職業安定對策基本方針：平成24年11月9日厚生労働省告示第559号**。資料檢索日期：2022年2月21日。網址：https://reurl.cc/VjAELA。

厚生労働省（2021a）。各種統計調查。**厚生労働省（官方網站）**。資料檢索日期：2022年3月2日。網址：https://www.mhlw.go.jp/toukei_hakusho/toukei/。

厚生労働省（2021b）。第17回中高年者縱斷調查（中高年者の生活に関する継続調査）を11月3日に実施します。**厚生労働省（官方網站）**。資料檢索日期：2022年2月20日。網址：https://www.mhlw.go.jp/topics/2020/10/tp1027-1.html。

厚生労働省（2021c）。労働政策全般。**厚生労働省（官方網站）**。資料檢索日期：2022年2月20日。網址：https://reurl.cc/ErGqKg。

厚生労働省（2021d）。生活保護・福祉一般。**厚生労働省（官方網站）**。資料檢索日期：2022年2月21日。網址：https://reurl.cc/DymNnN。